励志金宝典

高兴宇 编著

每周一节心理课

中州古籍出版社

图书在版编目（CIP）数据

每周一节心理课 / 高兴宇编著. —郑州：中州古籍出版社, 2014. 6

ISBN 978-7-5348-4358-7

Ⅰ. ①每… Ⅱ. ①高… Ⅲ. ①心理学—通俗读物 Ⅳ. ①B84-49

中国版本图书馆 CIP 数据核字（2013）第 166310 号

出 版 社：中州古籍出版社
（地址：郑州市经五路 66 号　邮政编码：450002）
发行单位：新华书店
承印单位：北京柏玉景印刷制品有限公司
开　　本：710mm × 1000mm　1/16　　**印　　张**：12
字　　数：152 千字
版　　次：2014 年 7 月第 1 版
印　　次：2014 年 7 月第 1 次印刷
定　　价：28. 80 元

前　言

人心如秤、人心如镜、人心如面、人心所向、人心无尽、人心唯危、人心不古、人心莫测、人心叵测、人心隔肚皮、人心齐泰山移、人心不足蛇吞象……关于人心的成语很多。不只是关于人心的成语很多，关于人心的话题更多。如果去繁就简，浓缩一下，那么关于人之心理的话题也就是两个。在谈这两个话题之前，我们先看两则故事。

有一个盲人、一个聋子和两个耳聪目明的健全人来到悬崖峭壁间的铁索桥上，一一过桥到对岸。结果，盲人、聋子和其中一个耳聪目明的健全人过了桥，而另一个耳聪目明的健全人则跌下铁索桥，丧了命。为什么出现这种结局？原来盲人、聋子意识不到过桥的凶险或者感觉意识不强烈，所以两个人平静地过了桥。那两个耳聪目明的健全人都意识到了过桥的凶险，其中一个能够控制自己内心的不安，安全地过了桥；而另一个人虽然有健全的四肢，但心理素质不强，严重的恐慌导致他双腿直打哆嗦，结果控制不了身体平衡，跌下了铁索桥。

在《水浒传》中，北宋抗辽大将杨业之后青面兽杨志担任殿帅府的一个六品制使。殿帅府安排十位制使，各自押送一船花石纲，却只有杨志一船突遇风浪，不得不弃船登岸。倒霉的杨志徒步回到东京，花了数百两银子请名匠雕刻出一对绝妙的镂空玉石花瓶，打算以此行贿太尉高俅，求得免罪。不曾想，高俅恰遇义子高衙内挨揍而心中火起，面对杨志的到来，丝毫不给木讷寡言、不善交际的杨志一点薄面，当场摔碎花瓶，将其收监下狱。要不是与杨志交厚的王制使，把杨志存在旅店里的银子使了个精光，杨志或许难逃一死。杨志之所以祸不单行，是因为杨志不知道当时高俅的内心状况。如果拜见高俅时恰逢其内心喜悦，说不定杨志不送花瓶也能免罪，但杨志的运气不好。

从上述两则故事，我们得知，人在世上，与心理相关的就两件事：一是认识己心、战胜自己；二是知彼内心、因彼制宜。认识了自己内心的弱点，战胜了自己，就不会在过铁索桥时跌下桥；知彼内心，选择高俅欢喜时去送花瓶，也就不会获罪入狱。

人生征途上，许多人走得踉踉跄跄，并不是因为身体有残、能力欠缺、学识不足，更多的时候是心理潜意识在作祟，是它让人们在碰到棘手的事情时，条件反射般地人为夸大困难的程度，由此产生了畏惧情绪。打垮失败者的，往往不是所谓的艰难险阻，而恰恰是失败者自己。

一个正常的人，对自己的形象、品德、才能，以及过去和现状，总会有一定的认识。然而有些人容易看到自己的优点和长处，却看不到自己的缺点和错误；有些人看到自己很多问题，却看不到自己的主要问题；也有些人看到自己的弱点和不足，却看不到自己的一点长处。有相当一部分人由于不能正确认识自己，经受一点点挫折、打击，就悲观、失望、苦恼、抱怨、彷徨，终日在唉声叹气、无所作为之中虚度光阴。不能认识自己以及不能战胜自己，成了他们的致命之伤。

在希腊帕尔纳索斯山南坡上的神殿门上面，写着这样一句话："认识你自己。"曾经获得 1939 年诺贝尔文学奖的芬兰作家西兰帕有句名言："所有的胜利，第一条件是要战胜自己。" 认识己心、战胜自己，是一个基本心理话题。要获得成功，就必须要正确认识自己，要坚信天生我材必有用，要清楚认识自己的弱点，绝对不能让自己打败自己。

再说说知彼内心、因彼制宜。

古人云："心者，行之端，审心而善恶自见；行者，心之表，观行而福祸自知。"意思是从他人的举手投足之间、生活习惯之中就可以看透其心思，了解其善恶祸福。表里不一的人再善于伪装，也不可能永远不露出破绽；心机再重的人，也不可能永远面面俱到。德国著名哲学家尼采说："一个城府再深、再老谋深算、再善于伪装的人，也会随着习惯而显露出其内心的世界。"确实，一个人的行为举止、言谈习惯、穿着打扮、兴趣爱好，甚至是饮食习惯都会泄露其内心的秘密，而读懂这些秘密，既可防止自己受骗上当，还能帮助自己做对事情，做好事情。

不管你有多么广博的学识、多么流利的口才，或者多么缜密的心思，如果无法读懂对方的心理，那么就有可能功亏一篑，最终做不好事情。要想在这个竞争无处不在的社会上拥有一席之地，就必须学会读懂人心，并且因彼制宜。它不仅是处世的基础，更是我们做好事情的保障。

人心是一本厚厚的书，这个厚度，比山高，比海深。任何一个人都不可能将它全部读完，不过读一页受益一页，读一页就能领悟很多页。各位读者，我们就从这里开始吧。

目　录

第 1 节

盗窃机会的“贼”

——克服优柔寡断

小瑛 30 多岁了，还没成家。周围的人，尤其是她的亲戚和邻居，经常问她为什么还不结婚。这倒无所谓，可当寂寞来袭，小瑛偶尔发发脾气时，别人就会说她是欲求不满而心理变态。在冷言冷语下，小瑛突然觉得自己的心理真的有毛病了，于是就去看心理医生。

心理医生对她说：“你之所以弄成现在这个样子，是因为若干年间你招来一个“贼”，这个“贼”把你害苦了。”

惊闻此语，小瑛一头雾水，目瞪口呆！在心理医生的提示下，小瑛讲述了一些她的情况。

十年来，给小瑛介绍对象的人络绎不绝。有时一天内会介绍两个。“上午的 A 青年不错，就和 A 谈吧。可仔细一想，下午的 B 小伙也很好。要不，我再考虑考虑、合计合计吧。”就这样，小瑛为主攻 A 还是主攻 B 而苦恼万分。如此一来，小瑛不论对 A 还是对 B 都激情不够，两人便舍她而去。

同学一个接一个地结婚，父母一遍又一遍地催促，这让小瑛时时心急如焚。有一年，她想主动去追求同事 C，可是爱在心里口难开。小瑛只好把这份心思默默地藏在内心深处，到了晚上，小瑛辗转难眠，不免轻轻叹息，可她始终没这个勇气。不久，C 同事有了恋人，恋人当然不是小瑛。

不仅是恋爱婚姻，其他事情，小瑛也常常彷徨犹豫。她要买一件衣服，一定要把全城的商场都跑遍。走进一个商店，小瑛会从这个柜台跑到那个柜台，会从这一层跑到那一层。她想买一种衣服，既能在夏天穿，又能在冬天用；既能适用于爬山，又能适用于海边；既可用作工作装，又可用于休假时。可这样的衣服到哪去买呢？拿起一件衣服，小瑛会向售货员提问各种问题，有时问了一遍又一遍，弄得售货员十分厌烦。“再便宜一点就好了。”“有没有更好的呢？”就在她思来想去时，那件刚刚相中的衣服已被别人买走，于是她陷入了更加后悔的心理之中。好不容易买到一件衣物，她又怀疑是否真的货真价实，于是她带回去征求朋友、家人的意见，然后再回店中调换。无论买什么商品，她总要调换两三次，最后往往还是感到不满意。

不光买东西，就连写信，小瑛也常犹豫不决。她写信的时候，如果不到最后一分钟，就决不肯封起来，因为她总担心还有什么要改动。她常常在信封好了，邮票贴好了，正准备投入邮筒之时，又把信封拆开，再去斟酌信中的语句。最令人忧心的是有一次她给别人写了一封信，然后又打电话去，叫人家把那封信原封不动地立刻退回，搞得那位朋友对小瑛胡思乱想，不知所从，结果从此以后，这位朋友与她关系变得不冷不热。

小瑛讲了一个多小时，心理医生认真地倾听。

最后，心理医生拿出一本书，对她说：“它对你非常有益，会指导你的一生。我打算把它卖给你，你想买吗？”小瑛瞪大了眼睛，迟迟不表态。心理医生又重复一句：“你想买这本书吗？”此时，小瑛吞吞吐吐地说：“其实，我不知道买这本书好不好。”心理医生说：“最起码，你应该看看这本书的名字。”

小瑛拿过书一看，封面上有 11 个大字：“优柔寡断是盗窃机会的‘贼’”。

这位对人性有着透彻悟解的心理医生站起身来，向小瑛严肃说道：“我决定向你说一些你不喜欢听的话，但这些话可能对你很有帮助。其实，这本书也就五六元，卖给你，我是赚不到钱的。我现在生气，不是因为你不买书，而是因为你太优柔寡断，你已经到了即将病态的程度。你一进门，你的眼光就告诉我你没有自信，你已经被优柔寡断击倒了。现在我告诉你为什么会一再失败，那是因为你招来一个“贼”，这个“贼”就是优柔寡断，它盗取了你一次又一次的宝贵机会，严重影响了你的前程和利益。你原本早该与有情人成为眷属，可优柔寡断这个“贼”把许多机会给一一吃掉了；你原本该好好地学习和工作，可优柔寡断这个“贼”把你许许多多宝贵的时间浪费在商品的左挑右选上；你原本拥有很多的朋友，可写封信你也犹豫，因为此“贼”的缘故，朋友看不起你。”

心理医生继续说道：“其实偶尔失败一两次，受点儿损失也没有什么关系。即使衣服稍贵一些，你也应该快买，因为你比别人早穿上你所喜欢的衣服，这种快感是十分美妙的。如果你面临的是哈姆雷特式的‘是生还是死’之类的重大痛苦，你就是犹豫再三也是能够理解的。可你凡事犹豫，这不能不让我气愤！我的批评结束了，这些话也许狠狠地伤害了你，但顽疾需猛药，希望我的话能够扶你一把。你要切记：犹豫不决、优柔寡断是一个阴险的贼。如果这个贼频频出手，而本人又没警醒，那么这个人就是世间最可怜的人了。在它还没有窃取你一生的机会之前，你一定要早发现，早把它赶走。如果没有果断决定的能力，那么你的一生，就像大海中的一叶孤舟，随波漂荡，而永远不能到达成功彼岸。”

听完这番推心置腹、饱含哲理的话，小瑛呆坐在椅子上，眼睛充满了惊讶。几分钟后，小瑛起身向心理医生鞠躬致谢，诚恳表示接受他的忠告。

一年后，这位去掉了优柔寡断的美丽姑娘名花有主。另外，她自己新开了一家公司，经营不错。

优柔寡断的主要表现是：在各种动机之间、在不同的目的以及不同的手段之间摇摆不定，迟迟做不出取舍，总是怀疑自己所做出的决定的正确性，担心这种决定会给自己带来不利的后果，因此即使做出一些决定，也不能坚决执行。优柔寡断者即使知道取舍孰轻孰重，知道鱼和熊掌不可兼得，也为如何选择而痛苦。当机遇来临时，优柔寡断者犹豫彷徨，丧失机会，这样一来丢掉了发展的大好机会。机不可失，时不再来，在机遇面前优柔寡断，可悲可叹。

优柔寡断常常给学习和生活带来消极影响。如果你有优柔寡断者的倾向，记住：一定要放弃犹豫，当断立断，抓住时机，施展才能，实现自己的宏图大志。自古成就大事者，莫不如此。反之，优柔寡断者，到头来都是自取其害，遗恨终生。

怎样克服这种遇事拿不定主意、优柔寡断的毛病呢?

首先要当机立断，决定取舍，不要追求尽善尽美。“金无足赤，人无完人”，只要不违背大原则，就可以决定取舍。其次，要有胆有识，一个人的知识经验越丰富，其决策水平就越高，反之则越低。如果还拿不定主意，就要跟着第六感觉走，不管成功或失败都不用后悔，至少你努力过！不要有太多顾虑，即使错了，也是对你的一次帮助，怕什么？没什么大不了的！没有失败，哪来成功！即使错了，也不必懊恼，人生就是对对错错，何况有许多事，回头看来，对错已经无所谓了。

人的精力是有限的，放弃优柔寡断，你会收获更多。

第2节

糟糕的“顾问”

——愤怒情绪要不得

当尊严被凌辱，当权益被践踏，当信仰被玷污，当家园被侵占……怎么办?

话说某个人在初涉社会的时候，上天就专门送给他一个“顾问”，去解决以上这些问题。这个“顾问”不是什么专家、学者，而是人的情绪——愤怒。

有了此“顾问”指点，这个人在面对丑恶，面对污秽，面对阴险，面对鬼魅时，即刻喷出熊熊火焰，这大大伸张了正义，压制了邪恶。

从某个角度说，愤怒这个“顾问”为社会的安定有序，为此人的侠气正义立了大功。

可是，生活中的大是大非毕竟很少，更多的是一些点滴小事。而愤怒这个“顾问”，分不清事情的大与小。对大事，“顾问”要指点；对小事，“顾问”同样要比画。

现在继续说这个人。他大学毕业后，经应聘、考试，顺利地进入一家科技公司上班。刚去的时候，每每同事请客，总把他这个新人排斥在外，或许因为他花钱不够大方，或许因为他长得有些土气。总之，一种被孤立感在他心中滋生。这个时候，“顾问”开始指点他行动了。在“顾问”的教唆下，这个人开始有意识捣乱。在一次旁边无人的情况下，他拿起小锤把电话机给敲坏了。他痛恨这电话机，那些同事们就是通过这个话筒天天对他吆三喝四的。很快，同事们就发现电话机损坏了；立即，同事们就判断出是他干的；从此，同事们便有事没事地找他的碴儿。

每当同事们吹毛求疵时，愤怒这个“顾问”就安排他咒骂，引导他报复。如此“来来往往”，他与同事的关系越来越糟。

许多同事经常在老板面前说他的坏话，甚至造谣中伤他。老板开始不信，但谎言说上一百遍，再清醒的老板也会信以为真了。因此，虽然这个人工作成绩很大，但往往提升、加薪之类的好事与他无缘。并且，老板还经常莫名其妙地责备他。

面对这种不公正的待遇，“顾问”唆使这个人采取消极的态度，也就是牢骚、冷漠、怠工。

这种状况持续了一两年，老板不得不找他严肃地谈话。老板告诉他，如果再不回转，就炒他的鱿鱼。

“此处不留人，自有留人处。”“顾问”立即开始“工作”了。一怒之下的他当即卷铺盖走人。

费了好几个月的时间，这个人终于找到一份新的工作。一切从零开始，虽然工资少了点，但这个人不想再浪费青春时光。面对新的环境，他认认真真地工作起来。但工作领域的确是一个怒火滋生地，竞争、合作导致不少误解、谣言与矛盾。“顾问”时不时地“开展工作”，让这个人失去冷静，因此导致人际关系的恶化，引来职业生涯的逆风。

这个人面朝苍天，不由地愤愤不平：“为什么人们要如此待我?”“工作简直是可恶的!”这不，愤怒这个“顾问”又开始发劲了!

对于这个实在、纯朴的青年，上天也不想让他遭到更多的坎坷，可愤怒这个“顾问”已经送给他了，想收回也无能为力了。再说，愤怒在有的时候是起积极作用的。怎么样才能让愤怒只起正作用，不起副作用?思虑良久，万能的上天想出一个好法子。可是这个好法子要想在这个人身上见效，只有这个人翻然醒悟，充分认识到愤怒泛滥和“逞一时之快”的严重后果才行。上天只好等啊等。

终于有一天，这个人明白了一个道理：自己工作、生活不如意，不能全怪他人，要怪只能怪自己。如果自己头脑不发昏，如果火气压一压，那么很多不快的事情都没有了。唉！“顾问”啊“顾问”！你在很多情况下送给我的是羞辱。如果有100次发怒，99次是弊多利少。愤怒，你实在是一个糟糕的“顾问”！

这个人发现愤怒的本质后，继而想怎样才能控制愤怒，而不让愤怒控制自己。这个人思索良久，终于想出一个好法子，就是：当心中有了怒火时，也就是“顾问”要发作时，一定要在心中默默数数。当过了一段时间后，再行动不迟。

上天看到这个人明白了人世至理，心里高兴极了，因为这个人想出的法子，正是上天要送给他的良方。这个良方确实不凡。因为缓了缓，等了等，愤怒这个“顾问”就不见了，天地就会变宽了，理智就会占据支配地位了，灾祸也就消失得无影无踪了。

愤怒是当愿望不能实现或遭到他人不敬、贬低、威胁、疏忽时而引起的一种紧张且不愉快的情绪。愤怒有如下特点：人们在感到压力和疲惫时会变得易怒；人们极少会认识到自己发怒的真正原因；人们会因为无法得到别人得到的好处而愤怒；许多眼下的愤怒源自过去的失望、创伤或者其他的原因；愤怒会让很多事变得越来越糟。

当内心不爽时，你可能觉得自己有充分的理由怒发冲冠，或许你觉得向别人展示你的“威容”能换来尊重，但事实上，愤怒更有可能损害你的人际关系，扭曲你的判断能力，阻碍你的行事计划。坏脾气还会给你的形象带来负面影响。当有了愤怒情绪时，要学会用健康的、有建设性的方式来表达自己心中的不满。

第 3 节

冲出热情之围

——拥有不懈毅力需要战胜两点

有家跨国公司招聘总裁助理，三名佼佼者——本山、雄恩、一田，闯入了最后决战。而决战怎样进行，他们还不知道。

公司总裁森木先生召见了三人中的本山。森木先生说：“你好，本山，有件私事烦你走一趟。我从百源鞋店购买了一双皮鞋，回来后发现有点质量问题，按照这个鞋店的规定，是可以退货的。”本山爽快地答应：“没问题。”森木接着低声说：“本山，这件事，不要告诉其他两位，免得他们生疑，你能做到吗？”本山点了点头。森木高兴地说：“我到外地参加一个会议，前后共四天。这样吧，四天过后，你来找我汇报，行吗？”本山满怀信心地退出了总裁办公室。

其实，这就是最后的考题。雄恩、一田也相继接到了这道他们还不知道是考题的考题。第五天，他们交出了各自的“答卷”：

本山将 81 美元递给了森木：“先生，这是退的鞋款，请您查收。”

雄恩也将 81 美元呈给森木先生，说：“鞋子的样式、尺寸、价格，我都很中意，这双鞋子转让给我吧？虽然有点质量问题，但我不在乎。”

一田内疚地对森木先生说：“很抱歉，我现在还没有完成您交办的任务。明天，我再去百源鞋店。我想，我会令您满意的。”第二天，一田拿到了退款。

到了宣布录取结果的时候了，总裁森木先生面对三人说：“你们三人在不知情的情况下，完成了最后一次考试。这次考试，就是替我退鞋。这三双鞋有着一个同样的毛病，就是左鞋后跟有一个污点。你们都去了同一家鞋店。你们还不知道，这家鞋店的老板是我的朋友，他是依照我的要求来办理此事的，他们都以同一个态度来对待你们。”

森木喝了一口水，接着说：“你们去退鞋的第一天，老板没在店里，所以你们都没有退货，但是服务小姐对你们非常客气，既笑脸相迎，又连连赔礼，是这样的吧？”

三人齐声说“是”，心里忐忑不安。

森木接着说：“第二天，大致也是如此，与第一天不同的是，服务小姐都给你们端了一杯热茶，当你们走的时候，服务小姐还送到店门外，是这样的吧？”

三人又是齐声说“是”。这时，他们更加紧张了，搞不清总裁的葫芦里卖的是什么药。

森木又说：“第三天，店老板还是不在家，你们还是不能退货。为此，服务小姐觉得对不住你们，她要从自己的钱包里为你们支付鞋款，但被你们谢绝了，这说明你们都是正人君子。”

三人受了表扬。其中的本山坐不住了，他说：“森木先生，对不起，我撒了谎。鞋子确实没有退掉。”森木对他说：“表面上看，你是为了方便于我而牺牲自己利益，但实质上，你这样做不就是为了应聘成功而讨好于我吗？为个人私利而欺骗他人，这样的员工，公司会要吗？”本山红着脸说：“我失败了，谢谢您的教益，我会改正自己的。”森木对他点了点头。

雄恩有点扬扬得意，因为他既没像本山那样欺骗森木，又将鞋款给了森木。正在雄恩暗喜时，森木转过脸来过他说：“雄恩，第四天，你为什么和本山一样，都没去鞋店呢？”雄恩说：“服务小姐太热情了，我不好意思再让她心烦。”森木说：“你是个诚实的人，也是个善于处理复杂问题的人，但我们现在不会聘用你，如果将来有合适的位子，我们会告知你的。”雄恩惊诧地问：“这是为什么？”森木回答说：“鞋店服务小姐的热情是你维护权益路上的障碍，可惜你没有冲过这道障碍。”“啊呀!”雄恩愣住了。

最后，森木走到一田的面前，握着他的手说：“祝贺你，你被聘用了。一个既想腾飞又想不败的公司，是靠那些既有正直品格又有不懈毅力的员工来支撑的。”

拥有不懈毅力需要战胜两点：第一点是艰难困苦，这点人们都了解；第二点是拒绝对方的“热情”，虽然有些没有人情味的人会做到，可一个有前途的公司绝不会要这样的人。问题就在这里，有人情味的人往往做不到拒绝，这就是他们不能取得巨大成功的原因。森木组织这次考试的主要目的就在这里。一田做到了这一点，既表现了自己的正直品格，又没有被对方热情所阻挡。

第 4 节

丑小鸭应该微笑

——以微笑对待人生

丑小鸭变成白天鹅，是一则美丽的寓言。现实生活中，这类的故事不胜枚举，典型的当属考托夫。

20 世纪 60 年代，莫斯科一家孤儿院收养了一个小孩考托夫。因为他的皮肤是黑色，所以从孤儿院到后来上学，他经常受欺负。但小考托夫很懂事，学习非常用功，34 岁时成为一名法律教授，还娶了一位漂亮的俄罗斯姑娘兹拉塔。

黑皮肤给考托夫带来了数不清的麻烦，因此他不愿知道自己的身世，只想通过工作上的成绩来证明自己的才华。不过，兹拉塔却想替丈夫探个究竟。她四处询问几十年前莫斯科是否有黑人居住，终于打听到当地医学院 40 多年前曾接收过黑人留学生。兹拉塔便到医学院去查询，发现丈夫和当年一个名叫达尔蒂的加纳学生非常相似。于是兹拉塔向当地电视台热门寻亲节目《等我》求助，寻找达尔蒂。

《等我》剧组几经周折，终于找到了达尔蒂。如今他是英国皇家妇产科医师学会的会员。当达尔蒂听说自己有可能是考托夫的爸爸时，第一反应是不可能。但当看到考托夫的照片时，达尔蒂想起了年轻时的自己，也想起了一位俄罗斯姑娘。达尔蒂原是加纳一个古老部族王国的王子。当年赴莫斯科求学时，他隐瞒了自己的身份。在一次舞会上，他结识了当地姑娘克托娃，两人相爱了。毋庸讳言，很多人看不起黑人，克托娃的家人就极力反对。克托娃终于顶不住压力，决定和达尔蒂分手。虽然当时自己怀有身孕，但为了一刀两断，她没有把这事告诉达尔蒂。达尔蒂悲伤地离开了苏联，赴英国求学。那时，部族王国已立他为王，可他决意在外面的世界出人头地，便放弃了王位。不久，克托娃产下了她和达尔蒂的孩子。孩子的皮肤是黑色的，这让所有护士都吓了一跳，也令克托娃的父母愤怒不已。克托娃忍受不了父母的责骂，便把孩子送到了莫斯科的一家孤儿院，只留下一句话：他叫考托夫。克托娃命运坎坷，后来嫁给了一个刚刚刑满释放的人，几年后，因家庭争吵，克托娃开枪自杀了。

在《等我》剧组的安排下，达尔蒂与考托夫相认。达尔蒂看着考托夫，好像看到了自己的翻版，也好像从儿子的眉宇间看到了自己昔日的恋人。他非常喜欢考托夫，把他介绍给了自己在加纳的亲人。那一年，考托夫到了加纳的那个部落王国，亲人们非常喜欢他，经过部族长老的商议，王室决定由考托夫来继承他父亲退位后就空缺的王位。考托夫正式加冕为“达尔蒂三世”。

一个在莫斯科孤儿院长大的孩子，通过电视节目证实自己有王室血统，并成为国王。这段传奇经历，让人再次想到丑小鸭这个话题。当然，绝大多数丑小鸭没有考托夫的幸运，但同考托夫一样小时候有弱项。权威机构作过调查，100 位千万富翁中，70% 以上的出身贫寒。由此说，小时候有弱项并不是坏事。科学地说，一个人一旦身体上有缺陷，必然会产生一种弥补的机能。如果一个人在幼时就发现了自己的弱项，只要没有被弱项彻底击溃，那么弥补机能就有可能改变这个人的人生，达到别人无法达到的高度。弱项对一个人来说，并不是一件倒霉的事，它可能是造就一个人的预告。丑小鸭，是不该自卑的，正确的态度是以微笑对待人生。

第 5 节

最具潜力的人性资源

——让新的热情涌遍全身

在心理学中，有“中心性品质”这个术语。所谓中心性品质，是指那种与其他品质联系更为密切，包含更多有关个人内容的品质。例如，“礼貌——生硬”与“热情——冷酷”这一对品质相比，后者更具有中心性。在众多的人性品质中，什么是最具中心性的？

1946 年，美国心理学家阿琪做了一个著名实验。他把被试者分成两组，让他们分别描述同一个人。在第一组中，阿琪列出这个人的一些品质，包括聪明、熟练、勤奋、热情、实干和谨慎。在第二组中，阿琪只将这个人品质中的热情换成冷酷，其他不变。结果出来了，仅仅一个“热情”与“冷酷”的区别，却引起了两组被试者对这个人完全不同的印象。第一组被试者见到此人时，愿意同其交往，谈得很投机，并且认为他同时具有幽默感等各种优秀品质。第二组被试者不愿与此人接近，敌视他，讨厌他，同时把自以为是、假正经、易怒等各种恶劣品质统统罗列在他的“冷酷”品质之下。这次实验证明，“热情”与“冷酷”是人类最具中心性的品质，它决定了其他相关品质的有与无。下面就举个关于“热情”与“冷酷”这个最具中心性品质的生动例子。周红与齐曼是加拿大环球电讯公司的两个中国工程师。她们在同一年进入公司，都有着博士文凭，像大多数海外中国职员一样，她们都有着勤恳的敬业精神，都共同参与公司的同样项目，在业务上的表现也不相上下。在公司业务高涨的1999年，周红被提拔为项目经理，而齐曼还在工程师的位置上，成为周红的下属。到了2001年，公司大批裁员，齐曼作为首批被裁人员，离开了工作4年整的公司。是什么使她们两人的前途如此不同呢？加拿大环球电讯公司一位人事经理说："齐曼冷淡而又不合群的个性，使我们感到少了她，我们并没有缺少什么。而周红是个乐观热情的人，她坚强、果断又聪明，她散发的热情能感染每一个人，她的活力能让人人都喜欢她。她是一个天生的社交家和领导者。"同在一片蓝天下，热情建成了绿阴，冷酷导致了沙漠。

热情，作为最具中心性品质的好的一面，因其具有中心位置，也因其具有光环效应，所以称得上是最大的人性资源。热情，在工作和生活中有着强大的感染力和吸引力，一个人最让他人无法抗拒的魅力就在于他的热情。抓住热情，就是牵住人际交往的牛鼻子。热情，好像是严冬里的一束阳光，让人们由衷感到温暖；热情，好像是初春里的一棵早发嫩芽，让人们立刻感受生机。热情是宝，是个人综合竞争力的组成之一。如果说聪明、熟练、勤奋等品质较难做到，那么热情这个品质则显得容易得多，它只需要你见人时一个会心的微笑，一个主动的问候……如此说来，热情可以称得上是最具开发潜力的人性资源。之所以这样说，是因为热情投入少，而收益大；投入快，收效也快。如果你留心观察身边的人，那些幸福的人都是充满热情、愉快、笑口常开的人。他们性格开放，乐于助人，因而他们无论到哪里都受到欢迎。他们因为性格爽朗，因此命运充满阳光，因为人们愿意把友谊、合作奉送给感染自己的人。相反，冷酷的人排斥了生活中的机遇，关闭了幸运的大门。

在认识到热情的重要性和易操作性后，我们每个人都要立即行动起来，让热情成为我们事业腾飞的翅膀和生活如意的调料。

如何做到热情呢？热情的源泉来自于对生活、工作的热爱和信赖。它可以通过各种方式表现出来。只要我们用积极乐观和宽容的态度对待生活、工作，由衷地欣赏、热爱并赞美我们所见到的每个人和每件事，我们周围的人就能体会到我们的热情。热情分两种，一种是人际热情，一种是工作热情。

为了增强每个人挖掘热情这个人性资源的信心，我们分别举一个人际热情的例子和一个工作热情的例子，让您来体会一下热情的魅力。

某个下雨天，有位老太太走进匹兹堡的一家百货商店，漫无目的地在里面闲逛，很显然是一副不打算买东西的样子。大多数售货员只对她瞧上一眼，然后就自顾自地忙着整理货架上的商品。其中一位年轻的他看到了她，立刻微笑着上前，热情地向她打招呼，并很有礼貌地问她是否有需要他服务的地方。这位老太太对他说，她只是进来躲雨罢了，并不打算买任何东西。这位年轻人微笑着说："即使如此，您仍然很受欢迎！"说完，男售货员主动和她聊天，以显示自己确实欢迎她。当老太太离去时，这位年轻人还送她到门口，高兴地替她把伞撑开。这位老太太看着他那亲切、自然的笑容，体会到了人世间的善良与友爱。于是，她向这位年轻人要了一张名片，然后告辞而去。后来，这位年轻人完全忘记了这件事。突然有一天，他被商店经理叫到办公室去。经理告诉他，上次他接待的那位老太太是美国钢铁大王卡耐基的母亲。老太太给商店来信，指名道姓地要求商店派他到苏格兰，代表商店接下一笔巨额生意。商店经理祝贺他："你的热情给你带来了机遇！"这位年轻人发自心底的热情，让人如沐春风。可以说，人际热情是出奇制胜的法宝，用它可以创造奇迹。

美国标准石油公司里，有一位小职员名叫阿卜特。他有个习惯，就是写信时、签收据时、住旅馆登记时，总要在自己签名的下方标上"标准石油每桶 4 美元"字样。只要他签名，就一定写上那几个字。因此，他被同事叫作"每桶 4 美元"。久而久之，他的真名倒没有人叫了。如此习惯，他一直坚持下去。有一天，公司董事长洛克菲勒知道了这件事，他大感惊奇地说："想不到，竟有职员这样努力宣扬公司声誉，我要见见他。"于是，阿卜特有幸同美国石油大王共进晚餐。后来，洛克菲勒卸任，阿卜特成了第二任董事长。对工作的热情，使阿卜特受益匪浅。

看完这篇文章，我们一定不要忘记两点：热情资源无限，热情容易开发。在明确了这两点以后，我们应该马上让新的热情充满身心，从而使自己拥有这份财富。行动，一定要立刻，而不要拖到明天去。

第 6 节

一场飓风的启迪

——要相信自己

1938 年，居住在美国纽约长岛的威廉邮购了一件气压计。没几天，崭新的气压计便送到了他家。威廉随即打开邮包，安装好气压计。不过，令他恼怒的是，指针指向低于“29”的位置，刻度盘上显示：飓风。他用力摇了摇气压计，指针还是低于“29”；他拿气压计往墙上撞了几次，指针还是丝毫没有移动位置。异常气愤的威廉，立即把气压计重新打包，驾车赶到了邮局，将气压计退寄给销售这件商品的公司。

威廉驾车返回住址时，一件奇怪的事发生了——威廉的家无影无踪了。

这是怎么回事？

这不是神话或者鬼怪故事，而是一场真实的自然灾害事故。9 月 21 日，也就是威廉收到气压计的这天，一场无比凶猛的飓风袭击了美国的东海岸，威廉的家就是被这场飓风吹到几百公里以外了。不幸和幸运在同一时刻光顾威廉之家。

造成这一矛盾的原因，是威廉不相信自己的眼睛。气压计清楚地指示将要发生飓风，而威廉却认为这一数据是错误的，这一仪器是不合格的。灾难过后，有人采访威廉时，威廉道出了不相信自己眼睛的原因：一贯尽职尽责的气象局没有向公众发出飓风警告，在没有得到权威部门的印证的情况下，他不由自主地诅咒这新买的气压计。

其实，不光是威廉喜欢购买气压计，纽约长岛上的大多数居民都有这一爱好。当飓风即将来临时，许多居民通过气压计或者通过其他途径获知了这一消息，但由于作为权威部门的气象局没有发出任何预告，居民们便都出人意料地对即将到来的巨大灾难漠然视之。事实上，当地气象学家们已经预测到了这场飓风的规模和到来时间，但因为一些特殊原因，气象局没有向公众发出预报。

现在让我们看看这场飓风所带来的严重后果吧。下午 2 点 30 分，在飓风的作用下，海水骤然变成了一堵高大的水墙，以迅猛之势，向纽约长岛的海滩劈头压来。近 12 米高的水墙以每小时超过 161 公里的速度向北挺进。直到此刻，长岛上的居民才手忙脚乱地跳进轿车，疯狂地向内陆驶去。在拥挤的道路上，车速最多每小时 80 公里。在这场生死赛跑中，不知道有多少人输掉了比赛，从而也失去了宝贵的生命。与其说这些人因为自然灾难而致死，还不如说因为不相信自己而罹难。

唉！可悲可叹啊！如果说气象局得了短暂的“痴呆症”，那么全体居民都被其强大的影响力而“传染”。“相信权威胜于相信自己。”这种可怕的社会心理规律有时会使人们丧失独立思考的勇气，陷入是非不辨的泥沼，把真理当谬误。

第7节

缺陷能救人

——心灵的历练

天柱峰下有位青年，名叫张行。他正在紧张地忙碌着。他将氦气罐里的氦气充向旁边的一只气象气球。在气球下，系着一个吊篮。吊篮下，是一根粗粗的、长长的绳子。绳子紧紧缠在一块大石头上。

张行要干什么？

他要借助气球飞往天柱峰顶呢！

这天柱峰如同一根圆圆的石柱，直溜溜地冲上天空。人类在这儿活动已经几千年了，还从未有人攀登上去过。

张行是当地人，从小就听到有关天柱峰的神奇故事：天柱峰顶上有棵粗大茶树，茶树下有副天然棋盘。那茶叶、棋盘，只有神仙才能享用。

张行清楚，神仙是没有的。不过，神仙能做到的一些事，现代人也能做到。张行是个喜欢冒险的人，前人没有攀登上去，后人不一定不行。现在科技这么发达，攀上天柱峰顶不是不可能。一番思考后，张行下定决心，买来一只坚固耐用的气象气球、一罐氦气、一条粗绳和一个吊篮。张行进行了一番细密策划。他说服了家人，并找来几个朋友帮忙。他告诉他们当自己借着气球的力量攀上峰顶时，请他们将绳子固定好。当自己重返吊篮，决定返回地面时，再请朋友们回收长绳……

计划看似天衣无缝，朋友们慢慢将粗绳放开，坐在吊篮里的张行慢慢升空。不料，气球还未升到峰顶，就不动了。原来，系着的绳子太粗、太沉，随着粗绳被慢慢吊起，绳子的重力抵消了气球上升的动力，所以气球不动了。

张行回到地面，没有为这次失败而气馁。在总结一番经验后，张行去换了一只更大的气球，这大气球的升空动力是以前的五倍；张行又把原来的粗绳换成了细绳，绳子由粗变细，重力就会减去很多。

看来这次筹划要比上一次科学得多。张行在调试新的大气球时，一不小心，一块木板上的钉子竟把大气球扎了一个小洞。张行有点心疼，大气球这么贵，自己收入又有限，再买个新的是不行的。聪明的张行借鉴修补轮胎的方法，找了一块红色的橡胶皮，涂上强力胶，粘在破口处。这次修补效果不错，大气球充气后，张行用水洒在红橡胶皮周围，没有一点儿气泡冒出，这说明大气球不漏气。

一切筹备就绪，就等好天气了。这好天气，说来就来了。这天上午，阳光明媚，一点儿风也没有。把大气球里充满了氦气，在朋友们的帮助下，张行坐在吊篮里徐徐升空。很快，大气球就升上了天柱峰顶。坐在吊篮里的张行看清了天柱峰顶的一切：哪儿有茶树——只有一些低矮的灌木丛；哪儿有棋盘——裸露的岩石上满是鸟粪。虽然没有传说中的神奇东西，但张行依旧很兴奋，他决心站到天柱峰顶上。他用手机给朋友们发短信：“请将细绳子固定好，我准备离开吊篮到山顶了。”

收到短信的朋友们一阵忙活，用劲拉细绳子，让大气球不再上升。不料，意外情况发生了。只听“砰”的一声，吊在半空中的细绳子突然断为两截。原来，这大气球升力太大，细小的绳子根本承受不了。

张行懵了，朋友们也吓呆了。

细绳子被挣断后，失去保护的大气球不再是往天空徐徐升起，而是像出了膛的炮弹一般载着张行飞了上去！这一飞，不是他起初料想的几十米、几百米高度，而是达到了5000多米高度！

朋友们清醒了，一边报警，一边给张行发短信：“张行，你不要怕，我们会救你的。”怎么救？只有动用直升机。附近没有直升机，警察和朋友们一时间都没了办法。

张行收到短信后，不再发懵了。他异常地镇静，给朋友们回复短信："大家不要担心我，即使我从高空上摔下去，我也不后悔。"

山里无风，不代表高空无风。此时的张行没有任何办法，任由大气球载着他飞行。很快，朋友们看不到他了。大伙都急哭了，每个人心里都清楚，十有八九，张行是活不了了。

大气球顺着风飘向一片陌生的地方，张行不知道该如何下来。张行从吊篮里往下看，地面上，一条条公路、河流纵横交错，宛如一副巨大的棋盘，山丘、村庄犹如一颗颗棋子。张行笑道："如今，我真成了神仙了，不过只能看棋，不能下棋。"

突然，张行明显感觉到大气球开始下降了，这是什么原因？张行用眼盯着大气球，看了半天，他明白了：大气球上的红橡胶皮不见了，里面的氦气正从破洞里往外漏。

这是福是祸？张行不清楚，他闭着眼，默默地祈祷："如果还有今生，我一定好好地爱自己，爱家人，爱朋友……"

此时，手机短信铃声响了，张行睁眼观看短信。这是天柱峰下的一位朋友发来的，上面写道："张行，你是优秀的，你是完美的，我们永远爱你。"

看了这个短信，张行笑了，他觉得这好像是追悼会上的悼词。张行给朋友回复短信："我现在很好，大气球开始下降了，你知道是什么救了我吗？是缺陷。"

十几分钟后，快要瘪了的大气球平稳降落在一片茶园里。张行走出吊篮，深情地吻着大地。此时的他不只感觉茶叶是香的，而且感觉土地也是香的。

人只有经历过大灾大难，方能知道生命的可贵、平凡的价值。我们不希望大家遇到什么危险，但希望大家能从张行的遭遇中汲取一些有益的东西。这其中既有心灵的历练，也有对生活的热爱、对朋友的珍惜，更有对缺陷的感悟。

第 8 节

铅笔哲学

——倒计时人生

从小学到大学，张颖一直很优秀。正因为太顺利了，工作后的张颖稍稍遇点挫折，就差点出了大问题。工作不到半年，张颖就出了一项差错，遭到了领导的一番狠狠训斥。这事若放在别人身上，可能根本算不上什么，可张颖从小到大都是在赞扬声中长大的，此时此刻她觉得自己受到了灭顶的打击，在领导、同事面前难以抬头，于是，她选择了轻生之路。

张颖穿上漂亮的衣服，走到黄河大桥上。当看到下面奔腾汹涌的黄河水时，张颖突然间有些害怕了。她没有选择自杀，而是找到了一个心理咨询师，讲述了自己的苦恼。

心理咨询师拿起桌上的一支铅笔，对张颖说："你看到这支铅笔了吗？古代先贤提倡格物致知，我们就用铅笔哲学来指导人生、解答困惑吧。"

张颖一脸茫然，心理咨询师就针对她的轻生举动解答道："像铅笔一样，在你走过的地方，都会留下痕迹，有用也罢，无用也罢，生活永远不会毫无意义。或软或硬，或粗或细，不同的铅笔会有不同的用途，毫无疑问，每个人都能在社会中找到属于自己的位置。珍惜自己吧，铅笔的生命只有一次，你的生命也只有一次。"

张颖有点听进去了，她诉苦道："我毕业这么久了，单位里的人际关系太复杂，人人都戴着假面具。我无法适应目前的工作环境，我真不想再待下去了。”

心理咨询师说道：“铅笔经常会受到刀削之痛，这正是成为一支有用铅笔必须付出的代价。人也一样，在成功之前，都需要一些磨砺，尽管这很痛苦，但这是必需的。”

张颖似有所悟，轻声问道：“领导总瞧我不顺眼，我现在一见领导说话就紧张，感到压力很大，我能摆脱他吗？”

心理咨询师答道：“铅笔要想具备价值，就要允许被人握住。对于一个人而言，若想成为一个有用的人，首先得允许自己被别人掌握在手里，这个人或许是他的老板，或许是他的祖国。”

张颖又说：“我仅仅把一份文件弄丢了，领导就朝我发这么大的火，你说我委屈不委屈？我因为想不开，所以想轻生。”

心理咨询师答道：“对于铅笔来说，一定要想清楚才开始动手，即使能用橡皮改正，涂改的痕迹也是很难清除掉的。如果铅笔用力过猛，就会把纸捅破，所以无论什么时候都要学会控制自己。过于用力，受伤害的可不仅仅是纸了，也可能是铅笔本身。希望你认真思索我说的这句话，从中领悟出真理。”

张颖点了点头，又问：“我在大学里学的是建筑设计专业，我很热爱我的专业，可我现在从事的是文书收发，您说我该怎么办？”

心理咨询师答道：“要想把铅笔的工作体现出来，就需要给它一张白纸。同样，你要发挥你的专业特长，就要找到适合自己的岗位。”

张颖明白了，不再提问。

其实，人生就像一支铅笔，是越用越短，而不是越来越长。从出生那天起，人生就开始倒计时了，所以希望每一个人珍惜每一天、每一刻，甚至是每一个瞬间。人就像一支铅笔一样，美丽的外表固然重要，但最重要的是内心，那才是最有价值的地方。如果人们懂得铅笔哲学，那么一生一定不会虚度。祝每个人书写的人生文章美丽和精彩！

第 9 节

处长是谁

——学会察言观色

沃野糖厂股份公司是家中外合资企业，不大也不小，光职工就 1000 多人呢。董事长姓康，长得肥头大耳，一看就是个“官胚子”。最近，他遇到了一件烦心事，这就是选拔秘书处处长。

秘书处是干什么的？秘书处是伺候董事长、副董事长、总经理、副总经理的，是联络社会各界的，并且还是监督糖厂各部室、各车间、各分公司生产的。这个秘书处虽小，但关系重大。前任处长就是因为工作开展不力，被康董事长炒了鱿鱼。

选拔秘书处处长为何令康董事长烦心？堂堂的董事长位高权重，依照自己的心愿安排一个就是了！比如说，安排一个如花似玉的小姐，或者安排一位风韵犹存的半老徐娘，或者干脆让自己的弟弟、儿子来干。但这不是说办就办的。原因是这样的：糖厂是股份公司，是中外合资企业，有制约，有监督，有民主，有压力，“长官意志”难以通畅地发挥。再说，康董事长也是有远大胸怀的人，岂能在这个小小处长位置上搞个人所好？搞儿女情长？

经过董事会讨论研究决定，先由人事处处长大侯物色一名，交康董事长把关，再由董事会裁定。

人事处处长大侯不敢怠慢，当天就急忙行动起来。

第二天，他向康董事长推荐了大学毕业生小荣。小荣，20 多岁，长得白净斯文，能说一口熟练的英语。可是，康董事长一听是小荣就否决了，他说："不行啊，小荣我熟悉，他是书生，通病是懦弱，这不符合要求。你一定要给我找一位勇敢的处长，他要大胆泼辣，雷厉风行。"

大侯只好继续物色。第三天，他向康董事长推荐了工会女干部小历。小历，30 多岁，手勤、脚快、嘴甜，人缘特别好。可康董事长一听是小历，便说："小历我更熟悉，也不行。你不知道她的缺点吗？虚伪。这可不行，我需要的秘书处处长必须品性正直，该说的话一定要说，该办的事一定要办，不能像小历那样，得罪人的话不说，得罪人的事不办。"

第四天，大侯便把新来的销售部辛副主任的档案放在康董事长的面前。康董事长翻了翻，叹口气说："辛副主任也不行啊！他在七家公司就职过，工作经验是丰富的，这是优点。可他是个过河拆桥的人呀，对公司一点儿忠心也没有。你瞧瞧，他在一家公司捞到好处后，就甩手离去。这样的人坚决不能用！我需要的是一位赤胆忠心、不常跳槽的处长。"

工作一贯认真的大侯当晚没睡觉，熬了个通宵。他把全厂职工的档案翻了个遍，仔细考虑一番，便相中了老严。老严，今年正好 50 岁，在糖厂还是小作坊时，他就来到这里效力，看来今后还会继续在这里效力。在第五天早晨，大侯就将老严报告给康董事长。康董事长说："我与老严同事十余年了，我知道他的性格，就是从不知道笑，他太呆板了。这样吧，你给我找一位笑脸待人、讨我喜欢的秘书处处长吧，最好是一位服服帖帖的处长，即使我打他，骂他，他也乖乖的。"大侯接连推荐了四个人，康董事长都没看中，大侯感到自己很无能，虽然心情低沉，但积极性却进一步提高了。

第六天，大侯向康董事长推荐了美女加才女加温柔女小倩，可康董事长还是不同意，原因是小倩做事不主动，不热情。康董事长要大侯给找一位能与董事长、总经理们打成一片的处长。

第七天，大侯推荐了公关部林小姐，康董事长还是不同意，原因是林小姐曾经笑话康董事长身体肥胖。康董事长要大侯给找一位不嫌他丑的处长。

第八天，大侯推荐了厂档案室的小王，可康董事长还不同意。康董事长说她反应慢，脑瓜笨，他要大侯给他找一位机警、聪慧的处长。

第九天，大侯推荐了轿车司机小李子，康董事长更是摆了摆手，说小李子灵活有余，但是不能坚守岗位，每次出门坐车，总得打他手机三四遍才能把他唤出来。这样的人不能用。他要大侯一定寻觅一位尽职尽责的处长。

算起来，从接到任务那天起到现在，已经整整九天了。九天里，大侯硬是瘦了四五斤肉。虽然用心推荐了八位，可康董事长一位也不满意。

这天晚上回到家后，大侯感到人事处处长的乌纱帽就要戴在他人头上了。想到这，大侯汗珠直往下淌。他老婆看见他这副熊样，心疼得不得了，就说："我的伯乐呀，慢慢想吧，再瘦下去，你就比咱家的狗还轻了。"

一听这话，大侯立刻来了精神头，他迅速跑到书房里去查资料。查什么资料？当然是查关于伯乐的资料。

大侯看着看着，两眉舒展开来，禁不住笑出声来："呵，呵。"这一乐，他老婆也就不替他难过了，跟着他高兴了，放心了。

当晚，大侯就给康董事长打电话。他激动地向康董事长汇报说，第九位候选人找出来了，完全符合那八项要求，并且是太符合了。

康董事长严肃地问："你能保证符合这些苛刻的要求吗？如果能保证，那好，明天正好是董事会，你直接领着候选人到会场来吧，让糖厂各位领导评议一下。对了，最好叫上秘书处的所有人员，让他们看看新的领导是何种风采。"

大侯一一答应了。

第十天，大侯高高兴兴地领着候选人往会议室赶。今天应该是十全十美、了结心事的日子了。

沃野糖厂股份公司高级会议室，金碧辉煌，高贵典雅，二十多位高层领导坐在宽阔的老板椅上等待着秘书处处长候选人的到来。几位秘书处的干事正在会议室里忙活着倒水，发放材料，并做好会议记录。当然，他们也想瞧瞧他们未来的领导是啥样子，女干事们盼望候选人是男性，男干事们则盼望候选人是女性。人人在边干边想，边想边干。

会议室门开了，大侯进来了。

康董事长问大侯："候选人来了吗?"

大侯说："来了。"

康董事长问："在哪？是谁?"

大侯说："在这。是我家的——"虽然大侯是人事处处长，可他也很少在这样严肃的场合说话，于是变得有点结巴起来。

会议室里有一位女性副董事长心直口快，随口说道："是你老婆？你推荐你老婆担任秘书处处长?"这位副董事长知道大侯一家三口人，儿子上小学，不可能推荐小孩子，只有推荐他老婆。

大侯说："不是，不是，是我家的小黄。"大侯终于一口气把名字说出来。

康董事长问："小黄是谁?"

大侯指了指旁边一样东西，说："就是这。"这东西立刻"汪""汪"叫起来。是什么？原来是他家饲养的名叫"小黄"的黄毛小狗！

大家先是一愣，然后"哄"的一声，高级会议室里全体人员立刻热闹起来。有的说："大侯呀，你怎么在这样的场合开玩笑呀?"有的说："大侯呀，你没去医院精神科看一看?"秘书处的几位女干事则是七嘴八舌地责问大侯："我说侯处长呀，你怎么想起让狗做我们的领导呢！它咬人，难道我们也跟着去咬人?"

大侯涨红着脸，一直想争辩什么。

还是康董事长领导气派十足，坐在首席椅上稳稳的。看到场面如此混乱，他发话了："各位冷静一下，我们听听大侯的解释。"

大侯说："我是严格按照康董事长的八项指示来物色人选的。你们看看这条小狗，它完全符合这八项要求。之所以这样选，我是受伯乐的故事启发的。当年，伯乐按照王公指示去寻千里马，走了千山万水，也没发现一匹合适的。后来一个偶然机会，他发现了一只青蛙，眼鼓鼓的，双腿有劲，骨骼突出，完全具备千里马的条件，于是他就把这只青蛙送给王公……”

听着听着，异常精明的康董事长明白大侯肯定是这几天来情绪烦躁，心火交加，导致思维有点出轨。康董事长没有痛骂大侯，而是和蔼地说道：“大侯，我知道你这几天又急又累，如果你觉得担子压力大，你应该把困难交给领导呀。大侯呀，大侯，你怎么光把挑选人才的目光盯在厂内呢，为什么不到厂外找一找呢？为什么不与我们董事会成员多沟通一下呢？这样吧，你看看这个人怎么样，她是厂外太平洋大酒店的，我对她比较了解，你再去调查一下，看看她是否符合这八项要求。”

天哪！处长是谁？看来就是这个人了。大侯拍了拍脑袋，重新恢复了理智，并且又长了一智。

办同样一件事，善于揣摸对方心理者和不善于揣摸对方心理者，很可能就会出现迥然不同的结果。迎合别人的需要和好恶并不是不讲道德不要原则，因为它仅仅是顺应了一条最普通的心理规律，即每个人都是希望被认同的。在取得了对方的认同之后，办起事来方便，才容易产生预期的效果。

察言观色是一切人情往来中操纵自如的基本技术。不会察言观色，等于不知风向便去转动舵柄，弄不好还会在小风浪中翻了船。人际交往中，对他人的言语、表情、手势、动作以及看似不经意的行为有较为敏锐细致的观察，是掌握对方意图的先决条件，测得风向才能使舵。

言辞能透露一个人的品格，表情、眼神能让我们窥测他人内心，衣着、坐姿、手势也会在毫无知觉之中出卖它们的主人。我们如果能够在交际中察言观色，随机应变，便掌握了一种处世的本领。

第10节

摸准心理

——学会对症下药

人与人交往，怎样才能提高个人威信，增辉自我形象？怎样才能赢得人心？怎样才能妥善处理各种各样的棘手难题，走出人际困境？还有，怎样才能说服对方，迈向成功？

这一系列问题，如果要想得到解决，那么摆在我们面前的首要任务是摸准对方心理。

有一名上初三的女生，爱上了自己的班主任老师，这种爱越压抑越强烈，最后，无法自拔的女生忍不住冲动，写了一封信寄给老师。但信一投进邮筒，女生立刻就后悔了：老师已经有了一个幸福的家，自己还这么小，老师收到信后会怎么看待自己？如果父母知道了，自己该怎么办？如果同学们、朋友们晓得了，自己还怎么上学，怎么生活？女生越想越害怕。那几天，女生是在恐惧中度过的，她怕父母突然闯到学校来，她怕同学们、朋友们用怪异的目光看着她，她还怕老师找她谈心……这些后果甚至让她想到了死。

一天，两天，三天……一切都很正常，老师的神情看不出丝毫的异样。女生渐渐平静下来，她甚至怀疑自己是否真的寄了那么一封信。有一天，老师在讲课中，“无意”“批评”了某些邮局人员“不负责”的工作态度，说他的信件常常被遗失。到了此时，女生的心里完全释然了，她觉得自己那封信可能被幸运地遗失了。

真的遗失了吗？当然没有。这位老师故意装作没收到，给女生一颗定心丸，是一种最为妥善的处理方法。这种处理问题方法的得出是基于该老师摸准了这位女生的心理。年纪轻轻，有谁会思想那么成熟、行为那么老练？针对女生的懊悔不已和忐忑不安心理，最恰当的处理就是“让它什么也没发生”。

如果反过来看这件事情，即假若老师没有摸准女生的心理，在求爱信上小题大做，那么其结果必然会导致该女生产生心理压力，耽误了她的学习成长进步，甚至还有可能发生难以想象的糟糕事情。即使这位老师擅长思想工作，即使这位女生心理承受力也强，那么有一点可以肯定的是，他们每次见面再也不会像以前那样自然。因此，“让它什么也没发生”是一种最为恰当的处理问题的方法。再往深处说，摸准心理对于妥善解决问题是至关重要的。解决人际问题，如果没有去研究或者还没有摸准交际对方的心理状态，那么所采取的交际行为便是盲目的，对于问题解决可能徒劳无益，甚至还可能使问题得到恶化。由此可以得出这样一个结论：摸准对方心理，是处理各种人际问题的关键，如果这个任务完成了，就好比拿到了打开门锁的钥匙、破译电报的密码。从下面这个事例中，我们会加深对此的理解。

某市一家商业公司，有一位特别招男人喜欢的女人，名叫李美娜，今年 31 岁。她有着白净的皮肤，丰满的身材，恰到好处地洋溢着成熟女性的美。她的丈夫是市里比较有前途的党政干部，他们结婚七年，相濡以沫，也许因为彼此太熟悉了，优点、缺点都特别地太了解，近两年，他们的生活已经没了昔日的新鲜感。

这年夏天，丈夫被安排到省城培训，一去就是六个多月。李美娜感到孤独的同时，便跟她的直接领导、公司办公室主任周小江好上了。周小江今年 35 岁，长得挺帅，跟李美娜对桌办公。两人山盟海誓，今生永远好下去。

很快，半年时间过去了，李美娜的丈夫结束培训。一个月过后，他被提拔为副局长。看着丈夫地位升高了，名气变响了，李美娜的担心也越来越大了。李美娜痛下决心，跟周小江说要了断。但周小江不同意。

李美娜苦恼之中，便打了个心理咨询电话。电话那端的专家听完她的诉说后，批评了李美娜，说这种事一旦处理不好，李美娜后半生的路就艰难了。李美娜说她现在不想再发展下去了，可是没有办法脱身！两个人在一个办公室，周小江又是领导，整天抬头不见低头见，怎么好翻脸呢？

专家想了想说："这样吧，你跟他借钱。"

"借钱？"李美娜瞪大了眼睛，"我干吗要跟他借钱？"

专家说："向他借钱，正是他最害怕、最为难的事情呀！因为向情人借钱，是肉包子打狗——有去无回。你就跟他借个三万五万的，保证能把他吓跑。"

李美娜似懂非懂地点了点头。

第二天，苦无良策的李美娜，按照专家说的法子试了试。没料想，把借钱的事跟周小江一说，他还一下愣住了，好半天没说出借还是不借，一声不响地走了。在以后的许多天里，周小江都有意无意地躲避李美娜，有时不到下班时间，看看办公室就剩自己和李美娜了，他就悄悄溜了，生怕李美娜再跟他提借钱的事！

李美娜有点生气，也有点反感，还有些窃喜。于是，她隔三岔五地提一次借钱的事。周小江呢，脸色很难看，像躲避仇人一样躲避李美娜。最后，他主动要求调到销售部工作去了，走时，连个招呼也没打。

看来，向他借钱，确实是个最有效、最妥当的处理法。这个良方的得出，是因为摸准了情人怕借钱的心理特点。

对方需要什么，对方惧怕什么，心理活动特点如何，是我们解决人际问题需要考虑的第一件事情，"对症下药"是我们做的第二件事情。这两件事情做完了，成功就已握在手中。其实，人际交往要想做到轻松如意，就是这么简单，只需我们完成以上两件事情。

第 11 节

爱经不起考验

——清水变成了浑水

某省电视台搞了这样一档刺激性节目：帅气的男主持人有意识地分别请三位女子喝茶，面对这位陌生男子，三位女子都犯了“一时糊涂”病，不但答应了，而且还对主持人撒谎说“没有恋爱对象”。要知道，这可是一场“恶作剧”。不远处，一台看不见的摄像机将整个过程录得清清楚楚。

这三位女子是“精选”出来的，她们都有了男朋友，并且她们的男朋友就坐在电视台直播室内。不止这三位男青年，几百万电视观众目睹了三位女子的表现。此时此刻，她们的男朋友异常尴尬和难堪。

这档节目，不知是哪个“混账”导演策划的。电视台的本意是想“互相开开心心”。可事后，三位女子，还有三位女子的男朋友会开开心心吗？这三对恋人的结局又会怎样呢？

再说电视机前一位男士张伟看到这幕又想笑又难受的电视后，马上意识到了一个问题，那就是他的妻子是否对他忠贞不贰。张伟也想测试一下，而用电话来“骚扰”是很便利的。

主意已定，张伟当即带着激动的心情拨通了妻子办公室的电话，用一种跟他平时说话根本不同的声音和腔调色眯眯地说：“李小姐呀，你可能一下子猜不出我是谁，我可是连晚上做梦的时候都一直在想着你呢！”

“神经病！”妻子在那边这样回答，同时“啪”地一下挂断了电话。

这让张伟很高兴，因为他妻子对别的男人是很反感的。

张伟的测验还要继续下去。

在第二次将“骚扰”电话打通之后，张伟的心不由得开始发抖起来。

在听了张伟与前一次一样的开场白后，张伟妻子这回竟没骂“神经病”，而是在咯咯地笑了一阵后，软绵绵地问了一声：“喂，你是不是今天吃得太饱呀？”

过了两天，张伟又进行了一次电话“骚扰”。这次，张伟约妻子下班后一起吃饭，妻子居然痛快地答应了。

天哪！怒火立即蹿了上来。张伟努力地控制自己的感情，当即作出了要和妻子离婚的决定。

下班后，张伟在家发着闷火。没想到妻子竟然也像往常那样下班就回到了家，她看见张伟的样子，竟然忍不住笑起来：“呵呵，你可千万别让你的‘胡思乱想’伤了你的身体呀！你大概还不知道吧，我办公室的电话已经开通了‘来电显示’……”

哈哈，这回张伟竟忍不住笑出眼泪来。原来，妻子一开始就知道是张伟在“考验”她！

什么事就怕想复杂了。张伟又想，如果妻子办公室的电话没有来电显示功能的话，她会怎么办？不行，张伟还得换个法子进行“检验”。

就在绞尽脑汁、冥思苦想之际，张伟忽然灵机一动，不如给妻子写一封匿名求爱信吧。每个女人都渴望有人爱自己。看看这封求爱信会给她带来什么吧！

却说张伟妻子收到信那天，脸上泛起了红晕，不停地问张伟：“我老了吗？”还把张伟推到镜子面前，不停地比画着。

“不老不老，走在大街上说不定还会有小伙子追呢？”

“哼，哼，到时候你就有危机了。”

“那好呀！”张伟装作漫不经心的样子。张伟意识到，匿名信发挥作用了。

为了进一步“考验”，张伟又写了第二封、第三封，妻子看起来并无明显变化，只是觉得更加精神起来。匿名信的事情，妻子从来没对张伟提起过一次。

在第四封信中，张伟提出要见见面，时间、地点也都写好了。

就在那个定好的时间内，妻子果然没有回家。张伟担心的事发生了！

那个时候，张伟自然不会跑到约会地点去看的。张伟只是强烈地意识到他们的爱情是不牢固的。

那晚妻子回来后，张伟没说话，妻子见张伟不说话，她也懒得说。

此后，张伟不写信了，但张伟与妻子之间有了一种隔阂。张伟开始时刻留意妻子的举动，他们之间的关系明显不如以前了。

其实，那天晚上，张伟妻子根本未去约会。她是因为她娘家有点急事而赶了去，她因看见张伟心情不好而没有将此事告诉张伟。

在张伟提出约会后的第十天，张伟妻子出差了。正巧她单位发东西，张伟便去领。在她办公室里，张伟想找些废纸包一包，看见她办公桌旁边的废纸篓里有很多纸，便去拿。无意中，张伟看到了写给妻子的信，第一封、第二封拆开了，第三封、第四封连拆也没拆。既然没拆，怎么可能去约会呢？张伟的心一下子放松下来，在疑邻偷斧心理作祟下的张伟冤枉了妻子。

在后来的交流中，妻子告诉张伟，她因知道张伟多疑，便在收到这些“情书”后没告诉张伟，她害怕生出是非来。因为她是真的不知道那“情书”是张伟写的。

如果不是那次去领东西，张伟或许会怪罪妻子一辈子，甚至可能因误解而犯出大错。假若张伟不看妻子的废纸篓，或者张伟晚去妻子办公室，妻子将废纸篓清空了，那或许永远解不开这个疙瘩。

在一番庆幸后，张伟开始意识到，爱是经不起考验的。

人是活生生的人，就像一粒种子，在适宜的温度下，遇到水就会发芽，即使这水可能是邪水。另外，在检验过程中，会生出许多麻烦来，原本清澈的河水可能会让“考验”搞得一片浑浊。

第12节

第一夫人的亲和力

——巨大的人生财富

不少人还清楚记得美国第一夫人米歇尔·奥巴马首次访问英国牛津大学时的演讲，那短短的言谈中充满十足的亲和力。

这是我作为美国第一夫人的第一次外事出访。虽然这不是我第一次来英国，但我必须说很高兴我的首次官方访问是来英国。美国和英国之间的特殊关系不只是基于政府之间的关系，更基于我们有共同的语言和价值观。看见你们，就使我想到了这一点。

我作为美国第一夫人站在这里，而你们还正在上学，但实际上我们有很多共同点。我的成长道路上没有很多的财富、社会资源或社会地位。我在芝加哥南部长大，我父亲是一名市政工人，母亲是家庭主妇。我父亲年轻时就被诊断患有多种硬化症，犯病时连穿衣走路都很困难，但他从来没有抱怨过，反而对现实生活充满感激。他起得更早，工作得更努力。我哥哥和我在成长过程中，得到了人生真正需要的一切：爱、强烈的价值观和信仰。我们坚信，只要有良好的教育并勤奋工作，没有什么是我们做不到的。

我丈夫奥巴马在一个大办公室里工作。他们管它叫椭圆形办公室。在白宫里，有一张他办公的桌子，名为“坚定”。它是由维多利亚女王陛下的“坚定”号船舶木料制造，这是我们两国之间友谊的永久象征。它的名字“坚定”，提醒我们要有这样的风骨，不只是领导一个国家时需要，而且在让人生变得更有意义时也需要。我希望你们在追求梦想时，都能保持坚定，那样你们前进时就不会受到阻碍。

首次官方访问、共同的语言和价值观、普通但却不凡的家庭、象征永久友谊的木桌……这些使人亲近、让人愿意接触的言谈内容，大大缩短了米歇尔·奥巴马与英国牛津大学学生的心理距离，唤起了牛津大学学生的兴奋和好感，让米歇尔·奥巴马成为一个具有亲和力的人。

有句话叫："力在则聚，力亡则散。"具有亲和力的双方，就会有一种合作意识，而有合作意识，就会有强大的共同力量。这，正是美国第一夫人演讲所期冀达到的目标。

人际交往中有个重要的原则：相似性原则。双方只要在爱好、观点、志向等方面有相同之处，往往可以缩短彼此间的距离，改变陌生感。米歇尔·奥巴马在牛津大学演讲，面对的是一群陌生人。她在和这群学生的初次交往中，积极寻求共同点，积极进行感情沟通，从而让她和陌生人之间建起一座信任的桥梁。这桥梁，是用亲和力来支撑的。具有亲和力的人总能如鱼得水，把复杂的人际关系简单化，畅游于人际关系之海。亲和力是一种无形的交际力量，更是一笔巨大的人生财富。

第13节

善与恶

——内心深处的鏖战

夜深了，刚刚下班的息瑛独自走在小巷里。

别看息瑛身材娇小，她曾是柔道女子52公斤级的全国冠军。如果遇到恶人，用不了几个回合，她就能运用踢、打、摔、拿等柔道手段，将一个壮实的汉子制服。

走到一个拐弯处，息瑛突然觉得一个尖硬的东西顶在自己后腰上。

“别动，把钱交出来。”一个稚嫩而且颤抖的声音低声说道。

息瑛停下脚步，不由得心里叹道：“今晚遇劫匪了。”虽然她身手不凡，可此时的她也稍稍有些紧张。不过很快她就镇静下来。在这一瞬间，息瑛心里想道：“这是一个恶人，我要打消他的恶念。”息瑛便开始脚下用力，她想乘后面的人不备，一脚踢向他的咽喉。

息瑛轻轻转过头，发现身后是一个十几岁的少年，难怪刚才听到的声音稚嫩而且颤抖。这“颤抖”说明抢劫的少年非常紧张，或许他是第一次做恶事。

四目相对，少年快速低下了头。他身子有点后退，可手中拿着的刀子却顶得更紧了。

息瑛身手敏捷，如果她现在迅速左闪，用足劲的右脚便可飞快踢向少年咽喉……但她没有这么做。

此时的息瑛起了怜悯之心。“这毕竟是个少年呀！”息瑛心里叹道。

息瑛记起了一个哲理——在每个人的内心深处，都进行着一场鏖战。交战是在两只狼之间进行的。黑狼代表恶，白狼代表善。如果助长恶、打消善，黑狼就会取胜；如果助长善、打消恶，白狼就会取胜。

如果一脚踢去，那便是打消恶，虽然“白狼会取胜”，但息瑛觉得不妥。对一个刚刚开始学坏的少年来说，不应这样待他。息瑛此时觉得要让“白狼取胜”，不能采用打消恶的做法，而应采取助长善作法。

“钱!”少年红着脸、喘着粗气说道。

息瑛缓缓地从挎包里掏出钱包，递给少年。“所有的钱都在这儿，全给你了。”息瑛说道。

少年一把夺过钱包，转身要跑。

“等一等，”息瑛说道，“我刚刚忙碌了一个晚上，还没吃晚饭呢!你能不能给我留一点钱，让我吃上一顿饭?”

少年迅速拉开钱包，里面是十几张 100 元的钞票。少年先是拿出一张，可能觉得少了，迅即又拿出一张，递给了息瑛。

息瑛觉得此时的少年内心之处，一定是“黑狼”与“白狼”在激烈作战。息瑛想让“白狼”取胜。息瑛说道：“小弟弟，你饿不饿?如果饿了，陪姐姐一起吃顿夜宵吧!”

少年愣了一下，他用疑惑的眼神抬头看着这个被自己抢劫的人，不解地问：“你还有事吗?”

息瑛说：“我想借助吃饭，和你聊一聊。我不希望你为了一点钱去冒失去自由的危险。你肯定是因为缺少帮助，才这样干。如果你换一种方式，比如不是抢劫，而是借钱，那么你的天空就不是阴沉而是明媚了。”

少年迟疑了一会儿。他重又低下头，把刀子藏起来。他跟着息瑛走进一家尚在营业之中的咖啡店。

二人坐下后，息瑛问少年：“你不怕我告诉周围的人，你是个劫匪吗?”

“不怕，”少年抬头答道，“因为你是个善良的人。”

“你也是个善良的人吗?”息瑛问少年。

少年无言以对，或者是不想回答。他再次低下了头。

“做一个善良的人吧！”息瑛告诉少年。少年还是低头不语。

“你能把钱包还给我吗？”息瑛说。

少年好像突然记起了某事，快速把怀中的钱包还给息瑛。

息瑛把钱包里的钱都拿了出来，交给少年说：“我想从你那儿买一样东西，可以吗？”

“买什么？”少年非常疑惑。

“我想买刚才的那把刀。”息瑛说道。

少年犹豫了一下，从裤兜里掏出那把刀，递给息瑛。

息瑛用刚才少年退给自己的200元钱结了账，然后与少年一起离开咖啡店。

走出店门，少年向息瑛深深鞠了一个躬，掉着眼泪一字一句说道：“姐姐，我确实遇到了一点困难。姐姐您买刀的钱，权当是借给我的，我会还给您的。请姐姐您相信我，我以后会像您一样，做一个善良的人。”

少年说完，昂首离去。他知道今晚遇到了一个善良的人，这个善良的人还劝自己做一个善良的人，但他不知道这个善良的人曾是全国柔道冠军，如果那一脚踢过去，真不知道会是什么后果！

在社会交往中，我们要时刻想着一项原则，那就是助长善、打消恶。这不但对交际的双方有益，而且如果人人都坚持这项原则的话，那么我们的社会就会成为融洽的社会、亲善的社会、没有不良现象的社会。

第 14 节

冲出困惑

——有三件事要做

在互联网上，我们看到许多人被困惑袭扰。

——某位正在高中就读的男生在网络日记上写道，他家庭困难，一贫如洗。他对他能否坚持学业失去信心。

——许多的大学生在心理咨询网上谈到，他们在人际交往方面存有障碍，不知道如何交朋友。

——刚到医院上班的一位年轻外科医生在网络即时通信上说，他的同事们个个拿红包，他对他能否坚守医德感到困惑。

——当看到周围的人着高档西装，穿名牌皮鞋，三天两头去酒店吃喝时，一位参加工作不久的男青年对自己要不要面子、要不要虚荣烦恼不已。

——某漂泊在外的男士在博客上说，自己苦苦挣扎、不停奋斗，可至今没有自己的一片天地，也从未尝到一点干事创业的甜头，事业、家庭越来越与他的愿望背道而驰。他对自己感到迷茫。

——某位进入不惑之年的男士在网络聊天中，哀叹自己命运不济。他说他像漂浮不定的浮萍，20 年来，从东漂泊到西，从南漂泊到北，阅尽人间沧桑，但却一事无成。

——一位下岗女职工连遭不幸，婚姻破裂，女儿重病。她在论坛上愤恨命运之神总是无情地捉弄她。

——某股票投资大亨自杀身亡。他在网络遗书中写道，近年来，一定要成功绝不能失败的强迫症愈发厉害。伴随着严重的失眠，使他无法面对生活。苦于不能摆脱困惑的金融大亨最后选择了自杀。

——当看到一些人穿着奇形怪状、说话嗲声嗲气、工作敷衍了事时，有人看不惯、想不通，心中气恼，便在网上发帖漫骂。

——很多人在网上说自己终日碌碌无为，无所事事，意志低沉，处世消极，不知道怎样改变自己不幸的命运……

人生的目标就是开拓幸福今天，奔向美好明天，但人生的路途是不平坦的，荆棘坎坷样样都有。在人生的路上，困惑无处不在。困惑像一个迷宫，使你徘徊身陷其中；困惑像一个陷阱，使你努力挣扎越陷越深；困惑像一团毛线，使你越理越乱。面对困惑，如果没有采取正确的态度、有效的方法，那么你会深受其害。世界著名成功学专家拿破仑·希尔说过："一切的成就，一切的财富，都始于健康的心理。"人们要想拥有健康、财富、愉快和成就，就要冲出心灵上的困惑。其实，多些达观就少些困惑。

——当你一贫如洗、生活艰难、备受煎熬时，你要想到一块生铁放在潮湿之处听之任之会锈掉，但如果放在火炉里锤炼，会锻造成一把利剑。如果你有"十年磨一剑"的气度，再大的苦也会受得了。

——当你为如何交朋友困惑时，你要明白交朋友的第一要诀是自己够朋友。

——当你看到社会上歪风邪气盛行，对自己是否还要坚守正直品质、纯真本性时，你要想到清白的良心就像枕头，能使人很香甜、很安稳。

——当你为要不要面子、要不要虚荣而烦心时，你要想到浮夸是件美丽但不实用的衣服，穿上它，除了增加自身负担外，起不了别的什么作用。

——当你创业艰难，尝不到干事的甜头，有点不知所措时，你要想到凡是果实，在成熟之前，味道都是苦涩的。

——当你命运不济时，你要想到把握自己命运的要诀是打好一副坏牌，而不是抓了一副好牌。

——当你连遭不幸，心乱意伤，迷惑为什么这样倒霉时，你要想到“不幸”是所没人报考的大学，但它年年招生，能毕业的，都是强者。

——当你越来越害怕失败，为此惶惶不安时，你要想到，谁能永远顺利？人生的耻辱不在于输，而在于输不起；人生的光荣不在于永不跌倒，而在于能屡倒屡起。

——当你看到许多人趣味低俗，你心里气愤、内心孤独时，你要想到萝卜、青菜各有所爱。你如果不能改变他人，那么你就要改变自己的不好情绪。

——当你心情忧郁，意志消沉，不知道怎样改变不幸的命运时，你要想到态度决定一切，假如不改变对命运的态度，就不会改变自己的命运。

在多数情况下，冲出困惑，不需要你大动干戈，不需要你劳神费力，只需要你换一换看法，变一变思路，总结一下经验教训。其实，在困惑与学习工作顺利、精神舒畅放松之间，就隔着一层纸、一条巷，捅破这层纸、穿过这条巷，你就会冲出困惑，进入一个新的天地。不必哀叹现实，要学会自然接受困惑的来访。我们要以平常之心接受困惑，不留恋困惑，更不能惧怕困惑。只要我们智慧相对，困惑也会演绎成激情。

人生多困惑。困惑是坏事，也是好事。没有困惑便不会有反思，便不会有突破、有超越。坦然对待困惑，人生的内涵便丰富多彩。具有“悬念大师”“现代恐怖片之父”称号的希区柯克，由于心灵的创伤，性格怪僻、极易恐惧、常常焦虑。在他进入影坛后，这种困惑还是缠绕着他。善于反思的他，一方面努力使自己“突围”，另一方面把这些困惑融入电影创作中，结果他大获全胜。在他一生创作拍摄的53部电影中，部部都刻画了细腻的内心世界，极具磁力，深深地吸引了观众。

对待困惑，我们有三件事要做：一是如何看待困惑，就是正视困惑问题；二是如何跳出困惑，就是摆脱困惑问题；三是借鉴他人成败的经验教训，就是反思困惑问题。三件事做好了，人生之路就会充满阳光。

第 15 节

个性的视觉

——要有鲜明美好的个性

某大学里，教授和学生们在座谈。

教授说："卡拉 OK 是 1971 年发明的。如果你们当中的一位是发明者，你们会怎么办？"

学生甲说："我会立即申请专利，保护自己的知识产权。"

学生乙说："我会以技术入股，做娱乐界的比尔·盖茨。"

学生丙说："我会把整项技术一次性作价转让，因为我还想读博，还想留美。"

教授说："你们的想法都不错，归结成一条，就是通过各种途径把发明转化成钞票，这是对自己创意劳动的肯定。但你们当中，有谁能够把这项发明无偿奉献给社会呢？"

全场静悄悄的，无人应答。

教授说："你们很朴实，很真诚，很实在，没有假意表演，我很高兴。受当前社会一股功利思想的影响，想言奉献也难了。其实，我刚才的问题仅仅是假设，如果你们真的是发明者，你们还会强化你们的赢利思想。"

学生们还是不言不语。这个时候，他们同时生出一个疑问，就是真实的发明者是怎样对待这事的呢。

教授也看出了学生们的心理变化。他说："你们或许知道，真实发明者是日本人井上大佑，当时他是神户一个乐队的鼓手。他没有听从一些好意者的劝说，去申请专利，或者技术入股，或者有偿转让，而是默默地将这项技术奉献给了社会。如果他当年为此申请专利，如今至少收入1.5亿美元。”

“啊!”沉默很久的学生们立即惊叫起来。

教授接着说：“20世纪80年代，卡拉OK已成为通行全亚洲的一个流行词汇，但是井上大佑却没有像他的机器那样成为名人。直到数年前，井上大佑才名震四方。卡拉OK登陆美欧国家后，《时代》杂志将井上大佑评为20世纪亚洲最有影响力的人之一，称他改变了亚洲的夜晚；哈佛大学授予他‘另类诺贝尔奖’的和平奖，因为他向人们提供了宽容相处的新工具；他的故事被搬上银幕，电影名字就叫《卡拉OK》。对这些荣誉，井上大佑说：‘没人比我更感到吃惊了。’这就是真实的井上大佑。他的发明改变了全世界无数人的娱乐生活，但他却从没把这事放在心上。”

学生们听得很认真，教授继续说：“2006年5月25日，英国《独立报》刊登了对这位卡拉OK之父的专访。在访谈中，已经65岁的井上大佑笑着说：‘我不是个发明家，我只是把一些已经存在的东西组合在一起。当时，我偶然萌发了事先把伴奏音乐录制下来的想法。一个汽车音响、一个硬币盒子、一个小安培表，就组成了世界上第一台卡拉OK机。’井上大佑补充说：‘我们会为这些简单的东西去申请专利吗?’”

这个时候，学生们不由自主地议论纷纷。有的说井上大佑异常愚蠢；有的说要是他早就跑到角落里大哭一场了；当然，也有的说井上大佑境界非常高。

教授说：“你们仁者见仁，智者见智。不管是申请专利也好，还是不以为然也好，都是一种不违反法律、不违背道德的行为，我们不能说哪种方式是对的，哪种方式是错的。当然，不管是哪种方式，都是一个人的内在个性驱使的，我们只能来评价个性。在法律允许的前提下，靠自己的发明赚取最大的利益，不为过，有时候还要提倡，作为其源头的个性，如果来评价，我们可以称其为浓郁的个性。对自己的巨大贡献，整个社会都看到了，而唯独自己不当回事，这也是一种个性在驱动，如果来评价这种个性，我们不妨称其为明媚的个性，也就是他的心底无私，透彻见底，同时又那么灿烂、夺目。”

每个人都有个性，有的个性强些，有的个性弱些，放眼望去，有的浓郁多姿，有的阳光明媚。当然，除此之外，还有各种各样的视觉感受。个性，虽是用心来发现的，但也可以用“看”来描绘。

犹如辣椒就要辣、蜂蜜就要甜一样，鲜明美好的个性，就像一朵花儿、一幅画儿，虽然形式内容不一样，但都给人们以美好的享受。我们不去盲目崇拜浓郁的个性，也不去刻意批评浓郁的个性；我们不去虚心赞美明媚的个性，也不去随意诋毁明媚的个性。希望我们每一个人都去接受那些纯正的个性、良好的个性、无害的个性。不同优秀的个性各有特点，我们不能武断哪个更好，哪个更差。其实，滋润别人就是滋润自己，成全别人就是成全自己。井上大佑放弃了1.5亿美元，但他也得到了世界上许多的荣耀。“种瓜得瓜，种豆得豆。”播下一个优良树种，就是播下一片宜人绿阴；播下一种优秀性格，就是播下一生的幸福命运。对一个人来说，卓越的个性要保持和发扬，就像“百花齐放、百家争鸣”应该得到大力提倡一样，人们要有意培养光明磊落的富有特色的个性，活出自己的风格和品位，让它陪伴人们的人生之路——自始至终，人们会因此而受益无穷。

第16节

古庙机遇

——内心的定海神针

印度西南部喀拉拉邦有座破落古庙，由于香火不旺，古庙内仅住着一位禅师。在古庙旁的小巷里，有位穷汉子名叫西塔拉姆。他有着强烈的发财欲望，但30多岁了，仍是身无分文、孑然一身。

西塔拉姆来到古庙中，拜访禅师，虔诚地问道："大师呀，你说我头脑灵活、志向远大，可为什么机遇不光顾我呢？让我穷得连顿饭也吃不上。"禅师答道："与其等着非凡的机遇，不如抓住普通的机会。这座古庙，现在需要一个劳工，虽然工钱少一些，但能够供你吃和穿。"这确实是个"普通的机会"。西塔拉姆敬仰禅师，就听从他的话，在古庙中安心做起劳工来。

西塔拉姆的工作就是扫地、锄草等杂活。一场特大暴雨过后，古庙院内的黄土被冲走，地上露出几块石头来。西塔拉姆扫起地，已是不如以前那样顺当，因为这几块石头凹凸不平。西塔拉姆想把这几块石头移走，可却懒得出大的气力。他只是在古庙外铲了些黄土，铺在这不平的石头上。

花开花落，一年年过去，西塔拉姆在古庙内，每天重复做着扫地、锄草等杂活。

有一天，一位香客想修整一下破落古庙。他买来一批青砖，然后请人刮去院中黄土，将其铺上。由于那几块石头凹凸不平，这位香客就多找了几个人，来移走这几块石头。西塔拉姆作为古庙劳工，笑嘻嘻地站在旁边监工。

这几块石头搬走了。人们正准备在原处填上黄土时，突然发现下面有个神秘通道。

人们好奇地沿着通道走下去，到了深处后，顿时被眼前所看到的一切惊得目瞪口呆——里面埋藏着大批黄金！有 100 多根长 2.7 米、重 2.5 公斤的金链，100 公斤重的东印度公司时期的金币，还有 1 个黄金王冠、1 只黄金小象！其价值无法估算，用价值连城来形容，一点也不过分。

10 分钟前还是笑嘻嘻的西塔拉姆，现在已是呆若木鸡，一句话也说不出来。到了晚上，他饭也吃不下，觉也睡不着。他找到了禅师，哭诉道："暴雨过后，我是第一个发现那几块大石头的人。我要是将石头搬走，那么我就是这黄金宝藏的发现者了！可这么好的机遇，我却错过了。在这些年来，我就没去搬动这些石头。我后悔死了！"禅师慢慢说道："机遇往往被多数人错过，因为它衣着朴素、貌不惊人。"

西塔拉姆哭过后，便找了一把铁锹，在古庙中到处挖起来。他想，这古庙中说不定还有第二座宝藏。此一时彼一时！自从古庙中发现黄金宝藏后，警察已将古庙看管得严严实实，哪会由得西塔拉姆乱来，即使他是古庙中的劳工都不行。西塔拉姆还没挖几下，就被警察带走了。

几天后，西塔拉姆被禅师保释出来。异常悲痛的西塔拉姆不想再待在这座古庙中，因为他一想起这黄金宝藏和这几天受过的苦，就后悔、就难过。

禅师望着西塔拉姆远去的身影，喃喃自语道："有心人会把绊脚石变为成功的机遇。可西塔拉姆受了这么点刺激，就受不了了。如果他继续留在古庙中，今后不知有多少记者会来采访他；这古庙在今后不知会有多大的飞跃发展，从而让西塔拉姆待遇改善；在今后不知会有多少慕名而来的香客爱屋及乌，崇拜起西塔拉姆来。西塔拉姆呀西塔拉姆，一系列好机遇，你又失去了！"

西塔拉姆丧失了一系列好机遇，这是因为他内心浮漂，不能弯下身子，扎扎实实地去干事情。对于西塔拉姆来说，他应该求得一个内心的“定海神针”，让自己不再漂浮不定，安全地停靠在幸福生活岸边。

“认真就是水平”“扎实就是能力”。每个人的能力、素质有差异，但最关键的在于我们的工作态度。我们端正了态度，以一种认真、执着、勤勤恳恳的态度面对工作，充分发扬拼命苦干、乐于奉献的精神，我们就能把工作做到力所能及范围内的极致。这种扎实认真的态度可以弥补我们自身能力上的缺陷，使自己的个性和人格更加完善，能力不断提高。认真、扎实，可以让一个普普通通、毫无背景的人脱颖而出，创造出不凡的业绩；不认真、不扎实，则会让一个才华横溢、能力超群的人碌碌无为，成为被社会淘汰的对象。

第17节

交际的薄冰区

——处理好自尊问题

从小丽怀孕那天起，她的丈夫刘凯就坚持每天骑摩托车接送她上下班。在小丽越来越不方便的时候，刘凯不幸感冒了。

早晨，刘凯坚持去推摩托车，被小丽阻止了。她说："我以前上班时，都是乘坐公交车，感觉没有不方便的。现在我又不是临近分娩，为什么不能乘坐公交车去上班呢?"刘凯想想也是，就放心在家休息了。送小丽出家门的时候，刘凯考虑到在上下班人流高峰时间，乘坐公交车肯定非常拥挤，便采取了一项措施。

话说小丽慢腾腾地来到候车点，恰巧她要乘坐的公交车开过来，候车的人们立时拥了过去。奇怪的是，当小丽靠近车门时，围住车门的人都自动让出一条路，让小丽先上。小丽想：几个月不坐公交车了，没想到乘车人的素质现在这么高了。

小丽一边说着"谢谢"，一边踏上公交车。此时，一位女同志对她说："你丈夫真好!"

听见这话，小丽笑了。她回头向她打招呼，可她没看见一个熟人，她只看见微笑着的一个个乘客。正在小丽纳闷时，一位漂亮的姑娘站了起来，给小丽让出了自己的座位。小丽朝姑娘点了点头，便坐下来，她的心底里涌起了一股热流。起身让座的姑娘羞涩地对小丽说："你丈夫真好！祝你们幸福美满!"

“谢谢!”小丽随口应了一声，但她立时觉得有点奇怪，这陌生的姑娘冷不丁说这句话是什么意思？她怎么知道自己的丈夫好呢？乘客这么多，小丽不方便问。不管怎么说，小丽的心里挺高兴的。要知道，每一个女人都喜欢别人夸自己和自己的家人呢!

到了站，小丽站起来，拥挤的车厢里立刻让出一条路。周围的人们还像刚才那样面带着微笑，目送小丽下车。

“你丈夫真好!”当小丽走下公交车的那一刻，她又听见一位女同志对她这样说。小丽回头向她笑了笑，这位大姐也是位陌生乘客。

什么原因？为什么好多陌生人说自己丈夫好？小丽一时不解，她也懒得去想它。

小丽走了几步，便到了工作单位。

“哇!”一进办公室，小丽的一位女同事便大叫起来，同事们都被惊动了。女同事迅速地从小丽背后揭下一张贴在衣服上的纸片，大声念道：“请给我爱人让个座，谢谢!”

“你丈夫真好!”女同事笑嘻嘻地说。

立时，小丽明白了在乘车奇遇的背后的原因。她的脸刷地红了。

几个男同事过来凑热闹，一个说：哦，纸片太小了，应该这么大!”他一边说一边用手比画着。另一个说：“哦，‘爱人’不刺眼，应该写上‘亲爱的’。”同事们都笑了。在大笑的时候，他们看见小丽的脸由红变白，而且一声不吭。他们立即意识到了什么，谁都不说不笑了。

意识到什么？自然是意识到小丽不愉快，这种不愉快是因为自尊心受到了伤害。

下午的工作是不能干了，内向并且矜持的小丽想到了立刻回家。公交车她不敢坐了，就连出租车她也不敢坐了，因为她怕遇到那些“微笑着的面孔”。此刻，她觉得“微笑”和嘲笑差不多。她觉得自己不是个20多岁的女士，而是几岁的小孩子。

小丽摇摇晃晃地步行往家赶，虽然回家的路比较长。

在回家的路上，她感到有无数双眼睛在盯着她，那些眼光好像一根根针刺在她的身上。

不知费了多长时间，小丽才回到家。她一句话不说，躺在床上就睡，饭也不吃。半夜，她发起高烧来。

面对此景，家里人吓坏了。在小丽公公、婆婆一再询问下，刘凯说起了纸片的事。听到这，小丽公公、婆婆气得跺起脚来。

小丽婆婆不停地埋怨刘凯把好事办成了坏事。

刘凯在旁边一直发愣，他真的不明白为什么会出现这样的结局。

小丽的公公是位老民警，他明白人心的微妙。他用事例作对比，来让刘凯开窍："数年前，我们市发生过一起令人发指的凶杀案：凶手血洗了老朋友的家，连襁褓中的婴儿也不饶过。受害人是个成功的生意人，一直慷慨资助这位生意失败的凶手。可是这个人，却恩将仇报。是什么样的犯罪心理，导致了有悖常理的现象发生？精神学家分析说：强者对弱者施加关爱时，弱者的自尊受到伤害，因此便在潜意识里产生厌恶，最后积蓄成巨大的杀伤力。"

至此，刘凯明白了一味施加关爱并不一定有好结果，只有尊重对方才会有好结果。

大彻大悟的刘凯懊悔不已，他一把鼻涕一把泪地陪在小丽床边。看到丈夫的痛苦模样，听到公婆对丈夫的责骂，小丽开始觉得自己不应该这样脸皮薄，也不应该让疼己爱己的丈夫继续难过，况且他还患着病。想到这些，小丽便支撑着起来吃了点饭。心情一好，不多久烧就退了，一切又重归平平安安。幸亏小丽的高烧时间不长，要不然，肚中的宝宝可不知会怎样呢！

一味施加关爱并不一定有好结果，只有尊重对方才会有好结果。关爱是一幢建筑，尊重则是这幢建筑的地基，使对方自尊心受到伤害好比将建筑建在沙漠上，风一吹建筑就会轰然倒塌。地基不牢，何来高楼大厦？我们要想建好"关爱"这座华丽的建筑，首先要把"尊重"这个地基夯实。

自尊是什么？自尊是支撑一个人在社会上站立的无形要素。有了自尊，就有了社会恩怨，也就有了事业进取。自尊与生命孰重孰轻？有人为了自尊舍弃生命，也有人为了生命放弃自尊。但是，不管是生命重要还是自尊重要，我们都应该知晓自尊在人际交往中的重要性。

我原先居住的家属院里，有一个孤零零的看大门的老头。他没有什么亲人，也没有什么社会交往，人们只知道他姓王，都称呼他老王。老王脾气好，每天要做的事就是默默地履行自己的职责。

忽然有一日，好端端的老王病倒了，并且再也没有爬起来。

临终时，家属院的许多人去病榻前看望他。想起老王为这个家属院看了几十年的大门，从没出过差错；想起为了开门经常深夜里把他从被窝里叫醒；想起经常托他看管小孩，代传口信……所以，家属院的人们非常难过。有人问他现在喜欢吃什么东西，有人告诉他要请最好的大夫给他治病，还有人告诉他所有花钱的事由他解决，我们这些住在家属院的人热泪盈眶地围着他问这问那。人们逼急了，老王就断断续续地说："如果……给我……开追悼会，就别……别忘了……我叫王永根。"说完，老王长出一口气，安详地永远地闭上了双眼。

一位老人在临终时念念不忘的东西，周围的人并没想到。

姓名是什么？姓名是每个人最基本的自尊。在几十年的时间里，虽然人们对他很客气，与他很融洽，可是并没有真正地尊重他，因为人们连他的名字都不知道。对这件事，我们一直耿耿于怀。因这件事，我深深地意识到自尊在人际关系中的重要性。

人心就是这样的微妙，自尊是人际交往的薄冰区。

人们必须小心翼翼地穿过，不能不小心，更不能"蹦跳"。如果一个人，是一个有本事的人，同时又是一个善于处理自尊问题的人，那么就是一个高超的人。在这个问题上，我十分佩服山东省某政府部门的蔡处长。

在我们市一处秀丽的风景区，有一幢破旧的小楼。因为这幢楼有碍观瞻，所以城建部门和一些热心人便去劝说旧楼的主人装修一下，可是这幢旧楼的主人李某就是不给面子。没办法，城建部门找到了旧楼主人的好友，也就是在济南工作的蔡处长前来劝说。

看到远道而来的老朋友，李某非常高兴。在看到蔡处长白色西装上有一块黑色斑点后，李某笑嘻嘻地说：“蔡哥呀，你也不缺钱，怎么还穿这样‘潇洒’的时装?”蔡处长同样乐哈哈地说：“李弟呀，你也不缺钱，为什么不装修一下楼房？你看看，你这幢楼不就是这片风景区的斑点吗?”听到此言，李某羞愧难当。在蔡处长的劝说下，李某打算第二天就像样地改造旧楼。照常规，蔡处长不负人托，完成了这一任务，可以走人了。可蔡处长还有高人一招的棋，他说：“这件事，听说以前有关部门、有关领导调解过，但因语气不当、双方欠缺沟通，所以没能得到你的同意。这次我很幸运，你很给我面子。我在感谢你的同时，我也担心，因为我是一个在外地工作的人，在本地有头有脸的人出面不能解决的情况下，由我这个外地人来促成和解，未免会使本地那些人感到丢面子。”他进一步说：“这件事这么办，你再帮我一次。你要装作我出面也解决不了此问题。等那些人再上门时，你就把面子给他们。”

蔡某为什么这样做呢？因为他意识到自尊的重要性。如果以前劝说李某的人的自尊心受到伤害，那么他们在以后同李某打交道时可能就会磕磕绊绊，宽敞的道路就会因此变得不平坦。蔡处长就是这样高明和无私。他既为他的朋友李某着想，也为那些以前多次劝说李某的人着想。蔡某不想炫耀自己的能耐，他甘做一个无名英雄。就是因为这，他才会有人缘，他说的话才相当有分量。

不用说，等有关人员再次上门劝说的时候，李某爽快地答应了装修的要求。不多久，在旧楼基础上精心改造的一座漂亮楼房便出现在市民和游客面前。每当我看到这座楼房，我就暗暗敬佩蔡处长的精明和为人。

自尊既然如此重要，那么怎样做，才能较好处理这个问题?

如果你有一种如履薄冰的意识，那么就会把自尊问题处理得妥妥当当。要想维护对方自尊，那么就必须尊重对方。尊重的实质是表达两层意思，一是对对方的好感，二是使对方觉得自己很重要。因此，尊重对方，就是要将这两层意思清楚地表达出来。在人际交往中，尊重的两层意思不可缺其一。如果只是表达了对对方的好感没有表达出“使对方觉得自己很重要”，那么这只是喜欢，而不是尊重，当然也起不到尊重的效果。如果说出“你很了不起”“想不到你还有这项本领”之类的“称赞对方”的话语，但态度居高临下、表情冷若冰霜，那么这也不是尊重，因为这样的做法给对方的感觉好像是讥笑、蔑视，不但没有尊重的效果，反而会伤害对方的自尊心。如果是帮忙，那么就不要使对方觉得接受你的帮助是一种负担。帮助要做得自自然然，也就是说在当时对方或许无法强烈地感受到，但是日子越久越会体会出你对他的关心，能够做到这一步是很理想的。在帮忙时，你要高高兴兴，不可以表现得心不甘、情不愿的。

如果你有一种发自内心的意识，那么就会把自尊问题处理得妥妥当当。要想维护对方自尊，那么就必须尊重对方。尊重他人，首要条件就是尊重的言行要出自真心。将美丽的雕像当成人，最后这座雕像真的成为一位活生生的美女，这是皮格马利翁效应。如果你内心抱着“我很喜欢他”“他很重要”的想法，那么，就会产生皮格马利翁效应，在你与他交往的一言一行中，都透露出实实在在的尊重之意，而对方也会在无意识的状态下体会出你的内心想法。如果你内心厌恶某一个人，却又想收获“尊重他人”的果实，那么，这是很困难的。即使你表演得再好，也终会露馅。因为矫揉造作、虚情假意的尊重顶多只能蒙人一时，却难得长久。人与人之间需要真诚的尊重，不管你同某一个人目前的关系如何，如果你想赢得这个人的心，就应该学会尊重他。而要尊重他，就应该首先在内心里产生“他很好”“他了不起”的想法。自尊问题处理好了，你也就有了一个绿色的人际环境。

第 18 节

个人生存法则

——在缺陷中奋起

陷阱冠军——狮虫是一种蝇的幼虫，它没有视力，也没有腿脚，只能守株待兔，等猎物自投罗网。狮虫利用陷阱来捕捉猎物，达到了出神入化的地步。它的圆锥形身体可以插进松软干燥的沙土，它挖掘陷阱的速度非常快，而且有着几何学上的精确。即使蚂蚁这样小的动物踩上去，沙土也会像雪崩一样倾泻而下。

缩身冠军——章鱼就像活化石，4 亿年间几乎没有什么改变，但它拥有绝妙的吸盘，灵活的身体和令人惊诧的魔术手段。一条 25 公斤重的章鱼，能钻过直径 5 厘米的小洞口，0.5 公斤重的章鱼，可爬过薄纸一样的窄缝。另外章鱼体内含有色素细胞，能依据喜、怒、惊等情绪的变化转换体色，惊怕时变白色，愤怒时变红色，有时还会变出与周围环境相似的色彩和斑点。

自保冠军——犰狳身披铰链式盔甲，这身盔甲由两层构成，分别是角质和骨头，坚韧的皮把它们连接在一起。当它遇到危险时，首要的保护措施就是逃跑，可是由于行动缓慢，逃跑不及时，马上就会启动第二套应急预案，把自己团成一个密闭的球，坚固安全的盔甲可以抵挡一切。盔甲还可以打开一道缝隙，用来观察外面的情况。当发现危险消除时，犰狳马上就会离开。

狙击冠军——枯叶龟的捕猎策略高明得让人咋舌。和多数乌龟不同，枯叶龟不是游泳健将，也无力追赶猎物，它擅长一种特殊的突击本领，而且能够进行惟妙惟肖的伪装。它粗糙的外壳表面上长有海藻，这有助于它更好地和环境融为一体。枯叶龟的头部和颈部装饰着丛生的植物，它们就像狙击手身上披的伪装一样，让人辨别不出真假。不但如此，它们还能通过水波振动来确定猎物的准确位置。当时机成熟时，枯叶龟会突然发动袭击，把一点防范意识都没有的猎物吞到嘴里。

物竞天择，适者生存。深入研究一下这些动物冠军的特性，我们会发现，在超级技能的另一端是自身存有缺陷。为了生存，它们就要扬长避短，它们就要练就一身绝活，如此才可以活命。

由物到人。有一位医生在多年的临床实践中，发现了一连串奇怪的现象：患心瓣堵塞症的患者，心脏奇迹般地增大，好像是在努力应付心脏所带来的缺陷；肾病患者若摘去了左肾，那么他的右肾的生命力往往十分强盛。这位好奇的医生对此深入研究，从病理学范围扩展到心理学领域。他进一步发现，美术学院的学生 70% 视力不好；70% 以上的富翁出身贫寒。

一个人一旦身体上有缺陷，必然会产生一种弥补的机能与心理。这个有缺陷的人如果没有被弱点击溃，那么这些弱点就很可能会改变这个人的人生，让这个人达到别人无法达到的高度。

1971 年，一个小女孩出生。父母在欣喜激动的时刻，意外地听医生说：“小孩的左脚向内弯曲，先天疾病，今后可能不妙。”犹如三九天被泼了一瓢冷水，小女孩的父母惊诧万分。在痛苦难过之后，小女孩的父母没有沮丧，而是发誓尽他们的最大努力去培养孩子。

在此后的日子里，每隔一周，父母都要带小女孩去看医生，矫正她的脚。

到医院矫形终于结束了，接下来是穿矫形鞋自我矫正。每当看到小女孩挣扎着行走时，父母既焦虑不安又满怀希望。

转眼小女孩上幼儿园了，她的步伐越来越正常了。看到小女孩进步很快，父母深受鼓舞。他们期盼着她更加强壮。

话说小女孩6岁时，父母为她报名上滑冰课。不久，小女孩就能够自如地滑行了。当她在冰面上飞快地掠过时，父母惊讶不已。

对滑冰每一个动作，小女孩都学得非常卖力。

这个小女孩就验证了这项科学规律。她热爱滑冰，她的执着也获得了回报。15岁时，她参加了世界少年锦标赛的双人滑和女子单人滑比赛，都获得冠军。在1991年举行的世界成人赛中，她获得了女子单人滑冠军。在1992年的冬奥会上，她获得了金牌。

这个女孩就是美国大名鼎鼎的体育运动员克里斯蒂——花样滑冰史上天后级的人物，许多人心目中的“花样滑冰之神”“美国梦”的象征。她曾与“篮坛飞人”乔丹等五位美国体育巨星一起，入选美国奥运名人堂第一等级。看过她表演的人，都被她惊人的艺术魅力所征服。

与克里斯蒂相似的是贝多芬，贝多芬的听觉从小就存在问题，20岁开始影响正常生活，28岁已经聋得非常厉害了。但他从小就喜欢上了音乐，创作力最为辉煌的时期，也是他的听觉慢慢丧失的时候。当听觉全部丧失的时候，他接连写出了《英雄交响曲》《月光奏鸣曲》《第五交响曲》。“艰难困苦，玉汝于成。”司马迁在他人眼里完全是个废人，苏格拉底日日拖着肥大的身躯踽踽而行，但他们都超乎他人的想象成为伟人。缺陷，对一个人来说，并不是一件异常倒霉的事，它可能是成就一个人的预告。

第19节

竞选市长

——永不服输的性格

40岁的美国女士简·博恩决心竞选芝加哥市长，她的对手是赫赫有名的企业巨头和兢兢业业的议会主席等人。评论家们分析说，简参选，只不过是一块小小的垫脚石而已，可能在第一轮就被淘汰。可事实与评论完全不一样，在看似毫无希望的气氛中，简后来居上，当选为芝加哥有史以来第一位女市长。这个结果大大出乎人们的意料。当记者追本溯源，探究简·博恩为何会取胜时，她讲述了一个自己少年时的故事。

简和她的哥哥斯迪是孪生兄妹。斯迪是个飞毛腿，从小学一年级开始，他就跟小伙伴们赛跑，从来都是他第一个冲过终点。一天，简和斯迪为了一件小事争论起来。两人互不相让，越争越凶。简脱口说道："无论你做什么，我都能比你强！"此刻，她忘了哥哥的了不起的体育天赋。

"你敢跟我赛跑吗?"怒气冲冲的斯迪抓住时机压妹妹的气焰，"我随时都能赢你。"

简自觉失言，但自尊心不容她低头。她毫不犹豫地回答说："好的，一个月以后我们赛跑。从校门口跑到家门口，看谁先到!"

斯迪讥笑她"大言不惭"，日后必定反悔。

"不，我决不反悔！我会赢的!"简坚定地说道。

以后的一个月里，人们会看到一个时刻在奔跑的小姑娘。她跑步去学校，跑步去商店，跑步去教堂。平时她走着去的地方，现在都改成跑。

她奔跑的耐力和速度一天天在提高。这个小姑娘不是别人，就是简，一个决心赢过哥哥的小学生。

一个月以后，简如约与斯迪赛跑。从学校门到家门，大概是1．6公里的路程。此刻，斯迪觉得脸有点发烧，因为简是个女孩子，而且还是自己的妹妹。他说："简，只要你现在认输，我们就不用比赛了，我不会把这事告诉别人的。"

倔强的简怎么会同意就此认输呢！

比赛开始了，起初斯迪遥遥领先。跑到一半时，简的耐力渐渐显露了优势，她一步步地追了上来。最后，在众人惊讶的目光中，妹妹首先冲到了家门口，虽然只比斯迪快了一小步，但简毕竟获得了胜利。

简把这个少年故事讲完了。此时，记者们明白了简竞选获胜的原因，那就是她的一往无前、永不服输的性格决定了她的成功。这性格，在她少年时就已淋漓尽致地表现出来。30 年过去了，这性格有增无减。就是这性格，成就了简·博恩如今的事业。

爱因斯坦4 岁才会说话，7 岁才开始识字，爱因斯坦的父母担心他智力有问题，爱因斯坦的老师曾给爱因斯坦写了"反应迟钝、满脑子不切实际的幻想"的评语。贝多芬的音乐老师曾评论贝多芬说："当作曲家，他是没有希望了。"爱迪生小的时候，老师说他过于愚钝，难以学有所成。哲学家苏格拉底曾被人贬为"让青年堕落的腐败者"。而今天他们为什么能得到全世界人民的尊敬和爱戴呢？因为他们有永不服输的志气，有货真价实的学问，有非常卓越的贡献。

第20节

你是谁

——改变坏习惯

是你，让我每天睡懒觉，上班时匆匆忙忙，忘记打卡，为此我常常被扣减工资。

是你，让我外出时大大咧咧、不修边幅，说话时高声大嗓门、唾沫星四溅，这引起了许多人的厌恶，他们常常与我保持距离。

是你，让我说话带脏字，周围的人听后常常笑着说："怎么来了一粗鲁之人呀，原来还以为有修养呢。""哟，这人好像在垃圾场工做过！"常说脏话让我的形象受损，气人哪！

是你，让我说话"呛"，看到别人小小缺点就难以忍受，大有一种不指出来就如鲠在喉的感觉。

你是谁？你是坏习惯。经常性的懒惰、忘事、邋遢、粗鲁、呛人是你的外在表现。除此外，依赖、冷漠、郁闷、跟风、浮躁、食言、盲目行事、浅尝辄止、浑浑噩噩、墨守成规等，也是你的外在表现。你像寄生虫一样依附在我的身上挥不去、抹不掉。你让我难堪、丢丑；你让我丧失自信、感到自卑；你给我带来烦恼、困扰；你导致我在事业上举步维艰，不思进取。莎士比亚曾经这样评价你："坏习惯是最坏的主人。"

我决心改变你。如果不改变你，就改变不了我的被动、消极命运。

为了改变你，我买了闹钟、笔记本，每天在闹钟的提醒下坚持早起，每次打卡也都记录在笔记本上，这样坚持了不到两个月，睡懒觉和忘记打卡的坏习惯终于改掉了。

为了改变你，我早起床，快吃饭，为的就是挤出时间来打扮自己。与人交往时，我也咬紧自己的嘴，想好了再说，并且轻轻地说，不久，我改掉了嗓门大的毛病。

为了改变你，我请朋友来监督我。如果说了脏话，我就请他们吃饭。请了一次、两次、三次……没钱再请客了，说脏话的毛病也改掉了，我要谢谢监督我的朋友。

为了改变你，我学着忍耐。当我看不顺眼时，我就在心中默默数数，数到100不行，就数到200。如此一来，心情就平静了许多。谁没有这样那样的毛病和这点那点的失误呢？说话“呛”不应该。坚持了一段时间，就再也没有因为说话冲而得罪人了。

我一样一样改变着你，原来你是我的沉重负担，现在你是我的最佳助手；原来你让我失败，现在你能助我成功。你不再是坏习惯，因为你已经改变了性质，成为了好习惯。现在，我在你的掌控下工作与生活，既高效，又准确。如今的你就像是飞驰的列车头，带动着我的工作与生活不断迈向成功。现在的你是我的朋友，而以前的你则是我的敌人。现在的我黎明即起，衣着整洁，说话谦恭，做事条理，这都是新的你——好习惯的功劳。苏格拉底表扬你说：“好习惯是一个人所能穿着的最佳服饰。”

“习惯能够摧毁一个人，也能够成就一个人。”美国成功学大师拿破仑·希尔的这句判断没错。如果你是坏习惯，我们一定要改变你；如果你是好习惯，我们一定要肯定你。如果做到这一点，我们就能够成就自己的伟大事业。

第 21 节

郭晶晶与雪莲

——3000 米雪线的冷酷

有一种植物，株型美观，出地即叶，能抗强风，不畏严寒，具有粗壮而柔韧的根系，穿插在砾石和粗质的土壤里，在严酷的环境下茁壮生长。它根黑、叶绿、苞白、花红。这种植物，如果生长在海拔 2000 多米以下的石缝隙中，叫石莲；如果生长在海拔 3000 米的雪线以上，则叫雪莲。

石莲、雪莲，名字不同，其药效以及在人们心目中的地位也不同。雪莲虽然与石莲外形、颜色极为相近，但花型更饱满，味道更大，药效更高。石莲生长在石缝隙中，与乱石为伍；而雪莲，形态娇艳，屹立于冰峰悬崖、狂风暴雪之处，构成了一幅令人惊羡赞叹的绝妙图画。高山牧民如果遇到雪莲，会认为是吉祥如意的征兆，以神物相待，哪怕饮的是雪莲苞叶上的水滴，也觉得能够驱邪除病，延年益寿；而石莲，虽然不会自诩为雪莲，但常常被利欲熏心的人假以雪莲出售，成为冒充李逵的李鬼。

原本是一种植物，是什么让其有了天上与地下的区别？不用说，是海拔 3000 米的雪线。只不过雪线给雪莲带去的不是温暖、热闹，而是冷酷、寂寞。在雪线之上、冰渍之中，那里气候奇寒、终年积雪不化，一般植物根本无法生存，而雪莲却傲风斗雪、顽强生长。这种独特的生长环境使其天然而稀有，造就了它独特的药理作用和神奇的药用价值，让人们奉雪莲为“百草之王”“药中极品”。

1988年，7岁的郭晶晶开始了自己的跳水生涯。1992年，进步神速的郭晶晶入选国家跳水队。在1996年的亚特兰大奥运会上，初登大赛的她紧张得竟然连转体动作都没有完成，仅仅得了个第5名。随着年龄的增长和身体的发育，郭晶晶从跳台转为跳板。然而一场不期而至的伤病，打乱了郭晶晶的成长之路。从跳板上摔伤导致她的胫骨、腓骨骨折，足足休养了10个月之久，个人状态也一落千丈。虽然有不少人预言“这孩子废了”，但慧眼识珠的钟少珍教练还是将没人愿意带的郭晶晶收到自己门下。在经过短期的磨合之后，郭晶晶再次走上了正轨，逐渐成为中国跳水队的“女一号”。但2000年悉尼奥运会，带着上佳状态出战的郭晶晶，重演了4年前的噩梦，再次与冠军无缘。19岁的她一度绝望，一个人跑到河边痛哭。

在教练和家人的慰藉之下，郭晶晶逐渐走出了兵败悉尼的阴影，随后的成功显得顺理成章。从2001年的福冈世锦赛开始，郭晶晶成为了名副其实的“金牌专业户”。从当年的世锦赛3米板金牌，到次年的世界杯冠军、亚运会冠军，再到2003年巴塞罗那世锦赛的冠军，少年成名的郭晶晶，似乎在她20岁之后才真正地走入正轨。2004年的雅典奥运会，已经23岁的郭晶晶终于迎来了属于自己的奥运会，从容地将3米跳板单双人两枚金牌收入囊中。4年后的北京奥运会，郭晶晶更如例行公事一般地摘走金牌，对手毫无机会可言。“郭晶晶时代”，并不仅指奥运会4金成绩，更重要的是，郭晶晶在辉煌的运动生涯中，累计获得过31次世界三大赛冠军，可谓垄断性优势。21世纪的前10年，国际跳水界的荣誉几乎被郭晶晶一人包揽。在跳水界女子3米板项目中，400分成为一道“门槛”，但在北京奥运会上，郭晶晶的夺冠分数高达415.35分，在世界大赛得分超过400的，于郭晶晶2011年初选择退役前，全世界仅有她一人。

让郭晶晶从“石莲”变成“雪莲”的，除了天赋、苦练外，还有那“3000米雪线”——导致别人预言“这孩子废了”的重大伤病，一而再、再而三的挫折，甚至还有郭晶晶的绝望和痛哭。

许多人，尽管素质较高、机遇很好，但终其一生，却无缘跻身于“雪莲”之列。究其原因，不是素质比别人差、机遇比别人差，而是因为他们没有经受那“3000米雪线”之上的冷酷和寂寞。

第 22 节

真是想不到

——先付出你的爱

10 多年前，我听到一则故事，印象特别深刻。故事是这样的：有婆媳俩，关系极为紧张。媳妇一脸严肃地要丈夫表明立场，丈夫慨然“应诺”，建议“搞掉”老娘。又建议说，为不露痕迹，数月之内，媳妇须分外孝顺。如此这般，媳妇依策而行。婆婆那头，见媳妇面貌大变，也格外关心起媳妇，体贴入微胜于儿子。数月之间，如此美满的婆媳关系令四邻称羡不已。一日夜间，儿子提醒说，时间已经成熟，可以下手了。媳妇劈头就是一巴掌：“如此丧尽天良的话，亏你还说得出来！”

听到这则故事，我第一感觉是“想不到”，想不到这位做丈夫的如此有心计，想不到这位做媳妇的“主动友好表示”竟然催开幸福之花；我的第二感觉是这则故事极具启示意义。10 多年后，想不到这则故事的启示派上用场了！

有一天，住在外地的老同学苏仪哭哭啼啼地跑来找我。

“你是搞写作的，你就帮我写一张离婚申请吧。他欺负人，不关心人，我实在忍不下去了。我每天上班很辛苦，可回到家里，里里外外、大大小小、鸡毛蒜皮的事样样都管，每天忙得要死要活。可他倒好，一头钻在单位里，根本就没想到自己还有个家。我说他两句，他回我三句，老是叫我下不了台。”

“还有，他去桂林开会，不带我就罢了，他竟带上厂里一位年轻寡妇……"

"还有，今天早上，他抽了我一个嘴巴子。这回我是铁了心，非跟他离婚不可了！"

"好吧好吧，你有这么多委屈，确实难为你了。我答应帮你，现在请你想一想，如果离婚，是你痛苦还是他痛苦？"

"那当然是我痛苦。他，高兴还来不及呢！"

"这样你就吃亏了，又受气，又挨打，最后还落得个让他高兴地离婚，那你就太吃亏了。据我这么多年来研究的经验看，该离婚的要果断地离，只是不能便宜了对方。你要设下这么一条计策，虽然你的心里明明是恨他、想要离开他，可表面上却要装得爱他、亲近他，也就是全身心地为了让他高兴而努力。这样，过一段时间，他就怎么也离不开你了。到了那时，你突然地提出和他离婚，狠狠地把他甩在一边。这样就会让他痛苦，让他失望，让他尝尝失去女人是个啥滋味。离婚要讲究个艺术，你明白吗？"这番话，全是受那则故事的启发。

在我的一再"鼓动"下，苏仪答应依计而行。

很快半年时间过去了，前些日子，我出差路过苏仪所在的城市，顺便去看望她。

"计划进展到什么程度了？今天我是专程来帮你写离婚申请的。"

别提那桩事了，千万不能让他听见。轻点，轻点，他正在卧室睡觉呢。"苏仪边说边把我拉到门外，"现在我们的关系可好了。我回来后就照你的法子去做了，没想到不知中计的他竟动了真情，像恋爱时那样爱我，天天哄我缠着我，上周还带我到西双版纳一趟，我现在怎么舍得离开他？我再也不想离婚了！"

哈哈，真是想不到！10多年前那则故事价值不菲！

还有这样一则寓言故事：

从前，在埃塞俄比亚，有一位妇女很为她的婚姻感到烦恼，因为她的丈夫不再喜欢她了。于是，这个女人跑到当地一个巫医那里讲述了她的苦恼。她觉得自己很可怜。她很着急地问这个巫医："您能否给我一些魅力，让我丈夫重新觉得我可爱？"

巫医想了一会儿答道：“我能帮助你，但在我告诉你秘诀前，你必须从活狮子身上摘下三根毛给我。”

女人谢了巫医。回家的路上，她反复想：“我怎么办才能摘下狮子身上的毛呢?”她想起有一头狮子常常来她的村里，可是它那么凶猛，吼叫声那么吓人。

“我应该怎么办呢?”她想了半天，终于想出了办法。

第二天，她早早起来，牵了一只小羊去狮子经常来村子溜达的地方。她焦急地等待着，终于狮子出现了。

“必须利用这个机会。”她自言自语道。她把小羊放在狮子瞧得见的地方，便回家了。

这以后，每天早晨她都要牵一只羊给狮子。不久，这头狮子便认识了她，因为她总在同一时间、同一地点放一只温驯的小羊在它经过的道上来讨它的喜欢。在狮子眼里，她确是一个温柔、殷勤、心善的女人。

不久，狮子一见到她便开始向她摇尾巴打招呼，并走近她，让她敲敲它的头，摸摸它的背。每天女人都会静静地站在那儿，轻轻地拍拍它的头，女人知道狮子已完全信任她了。于是，有一天，她细心地从狮子的身上拔了三根毛，并兴奋地把它们拿到巫医的住处。

她激动地对巫医说：“看！我已经弄到了!”她把三根毛交给了巫医。

“你用什么绝招弄到的?”巫医惊奇地问她。

女人便讲了她如何耐心地得到这三根狮毛的经过。

巫医笑了起来，上前对她说道：“以你驯服狮子的方法去驯服你丈夫吧!”

上述几则故事不只对处理婚姻、家庭关系有启发，对搞好任何人际关系都有启迪。要想得到一个人的心，就请先付出你的爱。这不只是家庭关系，而且也是普通人交往的黄金法则。只要我们主动伸出友好之手，肯定能够抓住醉人的幸福！如果两个人关系冷冰冰，人们习惯从对方身上找缺点，而不是从自身找问题。其实，只要你先付出你的热情和爱，对方也会回报给你热情和爱。

第 23 节

海啸与责任

——告诫马马虎虎的人

发生在 2004 年 12 月 26 日的由印度洋地震引发的巨大海啸，是一场世纪劫难。印度作为受灾国之一，损失是惨重的。灾害发生后，举国震惊和悲痛。其实，除了震惊和悲痛以外，还有一种刻骨铭心的郁闷压在了许多印度人的心头。而这源于在 12 月 26 日发生的以下几件事情：

6 时 29 分，印度洋地震发生，印度科学家监测到了这次海底地震，但考虑到地震发生在印度尼西亚境内，就没把它放在心上。

上午，印度空军得到消息，在印度洋上地理位置偏远的卡尔尼科巴岛空军基地遭到了洪水侵袭，该岛正在下沉，到处是一片汪洋。

7 时 30 分，印度空军得知安达曼岛和尼科巴岛发生了大地震。遗憾的是，空军方面与上述两个岛屿的通信中断了。

8 时 15 分，印度空军司令让他的助理向国防部发出了警报。

大约半个小时后，印度气象部发出了一份灾害警报传真，但传真错发给了印度前任科学部长穆尔利·马诺霍尔·乔希，而不是现任科学部长卡皮尔·西巴尔。对此，印度气象部并不知情。

9 时 41 分，印度气象部向印度内务部灾害控制司发送出另外一份传真。

10 时 30 分，内务部灾害控制司将传真内容通知了印度内阁秘书处。这时，印度南部海岸已经遭受巨大海啸袭击，成千上万人的生命瞬间丧失。

到了下午1时，印度负责灾难事务的危机管理小组才开始召开紧急会议。

在海啸发生后，电视播放了这一新闻。到了此时，印度科学部才得知这一重大消息。当时，他们没有任何线索可循。

单个地看上述一件件事情，是那样的简单和平常，可连在一起，却让许多印度人郁闷，因为严重的政府官僚作风葬送了无比宝贵的海啸预警良机。为此，《印度快报》予以了尖锐批评，报纸称：在印度洋地震引发的巨大海啸到来之前，印度有关方面曾接到海啸警报，但由于官僚作风盛行，致使有关方面痛失大好时机，最终造成大量印度公民丧生。

如果在此事件中处于关键岗位上的几位官员和办事人员不那么麻痹大意，如果有一个重要环节引起足够重视，那么……世界上药铺无数，可惜没有一家卖后悔药的。悲哉！海啸灾难发生后，虽然印度政府决定予以巨额投资，建立一套海啸预警体系，防止再次出现这样的灾害悲剧，但已有的损失是无可挽回的。许多了解海啸这一背后一幕的人无不心情沉重，痛感责任的重要。《印度快报》的批评犹如一剂清醒药，火辣辣地告诫那些浮躁散漫、马马虎虎的人。

第 24 节

好奇心的双刃性

——摸着石头过河

春秋时期，因为息国国君裘设下奸计，蔡国的蔡哀侯被楚军捉获。由于楚国大臣鬻拳舍命相保，蔡哀侯得以释放。

楚文王为了进取中原，刻意拉拢蔡哀侯。在蔡哀侯归国前夕，楚文王召集群臣在大殿里设宴，为蔡哀侯饯行压惊。席中有女乐表演助兴。女乐个个身材高挑、仪容秀丽。楚文王醉醺醺地对蔡哀侯说："你看我楚女多漂亮。"楚文王的一句随意之语，无意间引出了蔡哀侯一条诡计。蔡哀侯想起息君裘引楚军伐蔡之仇，心里嘀咕："既然楚王好色，何不将计就计，假手楚王回敬息君呢?"蔡哀侯拿定了主意，便乘势说："漂亮是漂亮，但天下女色，没有一个比得上息国夫人的。这些楚女与息国夫人相比，是小巫见大巫。寡人见过天下无数美女，只有息国夫人才称得上貌若天仙!"楚文王立即两眼放亮，结巴问道："果真如此吗?"蔡哀侯说："这息国夫人，人称桃花夫人，有诗道：'桃花夫人好颜色，月中飞出云中得。桃花夫人好颜色，一倾城矣再倾国。'息国夫人，可以说是天上少有、人间难觅呀!"楚文王听后长叹一口气，无奈地说道："息国夫人虽美，可寡人难得一见呀!"蔡哀侯乘机火上浇油："以大王之威，天下何事难为？何况只是一小小妇人呢!"楚文王听了，心中大悦。这日尽欢而散，蔡哀侯辞归本国。

楚文王听得息妫貌美，好奇心起，带领兵马，以巡猎为名，来到息国。息君裘将楚文王迎入宫中，设宴殷勤款待。

席间，楚文王要息国夫人出席敬酒，息君裘畏惧楚文王，不敢违拒，马上传息妫出来。一会儿，在玉佩叮当之声中，息妫迈着莲花碎步，盛服而至。楚文王一见息妫，大为惊异，果然是个名不虚传的绝色佳人。息妫用玉手托着玉觯，斟满酒献给楚文王。此时，楚文王已以为是月中嫦娥下凡，目瞪口呆，毫无反应。息妫慢声说："请大王慢慢用酒。"清脆的话惊醒了楚文王。楚文王忙接过玉觯，一饮而尽。息妫拜别，回后宫而去。惊羡如同木鸡般的楚文王思忖蔡哀侯当日所语不假，立时有了霸占之意。

席散归营，楚文王依旧抹不去息妫那动人的倩影。此时正是当月十五之夜，一轮明月挂在天空中。楚文王望着明月，想起了月中的嫦娥，不由自言自语道："桃花夫人就是寡人的嫦娥呀！"整整一晚，楚文王都睡不着。躺在床上的他辗转反侧，夜不能寐，心里想好了一条强夺息妫的计策。

第二天一早，楚文王传令，设酒宴于楚营，答礼息君裘夫妇。楚文王名为答礼，却暗中埋伏下许多甲兵。等息君裘夫妇刚入席，众甲兵一拥而上，擒住息君裘。息妫一看眼前变故，自叹道："引狼入室，咎由自取！"说完就要拔剑自尽。楚文王一把拦住，劝其道："只要你不死，寡人便可保全息君的性命。"息妫想了想，不为自己，也应为夫君考虑，便听从了楚文王的话。

楚文王将息妫带回楚国，立为夫人。按楚国扩张惯例，将息国改为楚国一个县。息君裘被楚文王派兵严加看管，迁至楚国后方。不久，息君裘愤郁而死。息君裘害人害己，曾经设计让楚国灭蔡，却不料，蔡没灭掉，竟被楚国不伤一兵一卒，顺手将自己消灭。

因为一个好奇心，楚文王轻轻松松地既得了美人，又得了土地。

好奇心往往是奇迹的钥匙。

舒尔茨领导的美国星巴克公司，曾被《商业周刊》评为全球成长最快的公司。人们在羡慕舒尔茨的荣耀时，可能想不到舒尔茨是怎样加入这个行业的。原来，他当年决定从事咖啡经营，是由于他的好奇心引起的。1982 年，舒尔茨经营厨房用品。他在自己的售货记录上发现，西雅图的一家名叫星巴克的咖啡零售商订购了大量的滴泡式咖啡壶。为什么要订购这么多该种咖啡壶？在好奇心的驱使下，舒尔茨飞到西雅图，并在那里第一次品尝到刚刚泡好的全豆咖啡。这次经历迷住了他，让他产生了发现新大陆的感觉。不久，舒尔茨就加入了星巴克。后来，经过一番波折和努力，成就了今天的辉煌。

好奇心也往往是灾难的引子。

春秋时期，晋国、鲁国、卫国、曹国这四个国家派遣大臣出使齐国。这四国来使一起朝见齐顷公，各自致自己国家君主美意。齐顷公看见四位使节容貌，不由暗暗称奇。

礼仪结束后，齐顷公入宫，见到母亲萧太夫人，忍不住笑了。萧太夫人问："外面有什么乐事，高兴成这样子？"齐顷公答道："今天在朝中看见一桩怪事。晋、鲁、卫、曹四国，各派使节前来。晋国郤克在郯之战中受伤，是个半瞎子，只用一只眼睛看人。鲁国季孙行父，自鲁国新君姬恶被弑后，变成一个秃子，没有一根头发。卫国孙良夫，是个跛子，两脚一高一低。曹国公子曹首是个驼背，两只眼睛只是看地。四人同时来到朝堂，好似一班鬼怪聚来，岂不可笑？"萧太夫人很是好奇，向齐顷公说道："我想观看一下，可以吗？"齐顷公笑着答应道："等来日设宴时，母亲登上高台，放下帷帐偷偷观看就行，这有什么难的？"

齐顷公一时上来玩兴，为博母亲一笑，便在国中挑选出瞎、秃、跛、驼各一人，让他们分别为四国使节驾车。郤克半瞎，即用半瞎子为驭手；季孙行父秃头，即用秃子为驭手；孙良夫脚跛，即用跛子为驭手；曹首背驼，即用驼子为驭手。齐国上卿国佐劝谏道："外交，是国家大事。宾恭主敬，才能加深友谊，万不可当儿戏。"齐顷公不听。

车中两瞎、两秃、双驼、双跛，行过台下，萧夫人掀开帷帐观望，不觉大笑，左右婢女，无不掩口，笑声直传到外面。

晋国郤克刚见到驭手是半瞎子时，认为是偶然之事，不以为怪，等听到台上有妇女嬉笑之声，心中大疑。草草喝了几觯酒，便急忙起身，回到馆舍，派人盘问台上是什么人。随从打听一番后回来报告：“是齐君之母萧太夫人。”一会儿工夫，鲁、卫、曹三国使节都来向郤克说：“齐国故意选残疾驾车人，戏弄我们，以供妇人观看耻笑，齐国这是什么道理?”郤克说：“我们好意来修好，反被他们侮辱，如果不报此仇，就不是大丈夫了!”季孙行父等三人齐声说：“晋国如果兴师伐齐，我们都会奏知本国君主，倾国相助。”郤克说：“既然大家都有这心思，便歃血为盟。伐齐之日，有不竭力共事的，让神灵处死他!”四位使节聚在一起，商量一夜，直到天明，不辞齐君，径自登车，命驭手驾车飞驰，各还本国去了。齐国上卿国佐叹道：“齐国忧患从现在开始了!”

回到晋国的郤克，实在无法忘记在齐国经受的奇耻大辱，会集四国军队讨伐齐国。一路长驱直入，直抵齐国国都临淄，一心想灭掉齐国。

齐顷公发了慌，召集诸臣商议计策。国佐进言：“臣请求用灭亡纪国时所得的铜甗和玉磬，贿赂晋国，请晋息战；另外，请求给晋、鲁、卫、曹四国兵马足够钱粮，让联军解散。”齐顷公说：“好吧，齐国情意已全尽到了。如果晋国不答应，只有战斗下去了!”

国佐领了命令，令随从用车拉着铜甗、玉磬两件宝物和数百车钱粮，来到晋军。

晋国中军将郤克盛怒以待，齐国上卿国佐言行恭谨。郤克说：“你的国家灭亡是早晚的事了，还想以巧言缓和吗？如果真心请和，要依我两件事。”国佐说：“请问何事?”郤克说：“一是要萧太夫人来晋做人质；二是把齐国境内田垄全部改为东西走向。”国佐严肃说道：“萧太夫人是敝国国君之母。如果齐、晋是兄弟国家，那也就是晋国国君的母亲。您要一国国君母亲做人质，将何以遵从周礼？而且这是以不孝来压制诸侯。先人修整天下道路，是因地制宜，现在您要求齐国把全部田垄改为东西走向，只是为了有利于您的兵车出入，不顾因地制宜，这恐怕有违常理。晋国曾是盟主，如果不遵周礼、违反常理，怎么去做诸侯领袖？《诗经》说：‘施政宽和，百福聚集。’您如果坚持这样做，就是不宽不和，从而抛弃各种福禄。如今您率领贵国兵马光临敝国，敝国愿以微薄的兵赋来犒劳您的部下。如果承蒙您宽大，保住齐国社稷，敝国将继续同贵国保持旧日友好关系，敝国决不敢吝惜这些珍宝钱粮。如果您坚持不同意，那么敝国君主已经有言在先了：‘只有战斗下去！’”郤克说：“难道晋国还怕战斗吗?”国佐说：“您不要欺齐太甚了！齐国虽偶然失败，但还有兵车千乘。如果再次战斗失败，整个齐国都归晋国所有，何必以国君之母为质，田垄改为东西走向呢？我现在告辞了！”国佐昂首阔步出营。

鲁国上卿季孙行父、卫国上卿孙良夫和曹国公子曹首已经看到齐国运来钱粮，当年耻辱已雪，所以都急于求和，便对晋国中军将郤克说：“齐国非常恨我们，必置之死地而后生。兵无常胜，不如答应他的要求。”郤克听到国佐一番言论，已经有议和想法，只是嘴上逞强，这时见季孙行父、孙良夫、曹首都来劝和，便后悔说：“齐的使节已经走了，怎么办?”季孙行父说：“可以把他追回来。”便用良马驾车，追到十里以外，硬拉国佐转回晋营。

郤克让国佐与季孙行父、孙良夫、曹首相见，朗声说道：“现在鲁、卫、曹三国一同替齐请和，我不能再违背大家的意愿了，愿听从你的主张。”国佐说：“今后齐国朝拜晋国，这些珍宝钱粮送与各国，请联军退兵，各自都立下誓书。”于是，晋、鲁、卫、曹与齐歃血盟誓，和平解决，各自班师回国。

因为萧太夫人的好奇心，齐国引来一场大祸，不能不引以为鉴。

第二次世界大战中，德国海军 U—110 号潜艇在大西洋海域用发射的鱼雷先后命中了两艘英国商船。冲天的火柱、剧烈的爆炸声震撼着海面。这让刚上任不久的艇长伦普兴奋不已。得意忘形的伦普突然萌生了一个念头，想亲眼看看被自己击沉的英国舰船是怎样葬身海底的。好奇心驱使下的伦普立即命令潜艇上浮，将潜望镜伸出水面，看起了热闹。就在伦普兴奋激动之际，潜艇突然开始剧烈震动，同时响起震耳欲聋的爆炸声。“不好！”伦普意识到自己的潜艇已经被英国海军发现了。他迅速收回潜望镜，命令潜艇紧急下潜，但为时已晚，一连串深水炸弹的爆炸使

U—110 号潜艇失去了下潜能力。原来，正在伦普兴致勃勃地观看英国商船下沉的时候，一艘巡航的英国小型护卫舰发现了他伸出海面的潜望镜，于是十几枚深水炸弹雨点般向这一方向袭来……德国潜艇只好乖乖地浮出水面，伦普当了英国人的俘虏。

成也萧何，败也萧何。好奇心实是把双刃剑，它造就成功，招来祸害。一个聪明的人，是能够认真审视好奇心的双刃性的，也是能够借其锋芒，避其阴冷的。其实，在什么情况下好奇心会发挥正功效，在什么情况下好奇心会具有负效应，并不好回答。因为同在好奇心的驱动下，两个人各自去经营一个企业，可能一个会成功，一个会失败；因为同在好奇心的驱动下，两个人去观看热闹，可能一个美滋滋享受到底，可能一个出现意外之祸。我们在对待好奇心问题上的正确态度应该是：重视它的价值，并且还要“摸着石头过河”。

第 25 节

活力秘笈

——不断发现好事

意大利青年罗尼问他的爷爷格拉："您 90 岁高龄了，为什么还乐观向上、活力四射呢？我虽然很年轻，但却感到了身心疲惫。爷爷您有活力秘笈吗？我能像您一样充满乐观与活力吗？"

罗尼问这句话，是有缘由的。

要知道他的爷爷格拉是意大利赫赫有名的剧作家，已经编写了 100 多部剧本。早在 1994 年，威尼斯电影节便向他颁发了终身成就奖。格拉一生获奖无数，虽已高龄，依然坚持写作。这位家喻户晓的意大利编剧还代言了一系列电视广告，著名的电话广告语是："乐观是生活的香料。"还有一部纪录片，格拉在片中说道："死亡并不可怕，毕竟，它只有那么一次。"

面对自己孙子罗尼的提问，连续几十年借助剧本来展现人们精神世界的格拉却一时不知如何回答。他知道罗尼有时消极、懒惰，需要用活力、勤快来替换这些毛病，可真要总结出保持活力的秘笈，还真要动一番脑筋。

格拉思索了两年，自感时日不多了，便提笔把自己的感悟写下来。

等他的孙子罗尼看到时，格拉已经与世长辞了。罗尼手捧着遗书，见上面写道——

亲爱的罗尼，两年前，你问我活力的秘笈是什么，我不知道如何回答你。现在，我感到自己剩下的日子很少了，所以急着来告诉你。

我们日出而作，日落而息，但只要留意，在每一天总有好事发生。如果你不能及时地发现它们，你生活的乐趣就会减少。乐观生活吧，相信好事随时可能出现。比如，当你遇到挑战时，你要相信机遇就在眼前，你要张开双臂去拥抱它们；当你遇到困难时，你要勇敢去面对，相信磨练会使你更加聪明、更加坚强；当你遭到失败时，你要感激失败让你从中学到了教训，有了这些教训，你便能引以为鉴、不会重蹈覆辙。在每天，好事都会有的，不要单纯认为获取了金钱、享受了美餐才是好事。

要想保持活力，光知道发现好事不行，还要坚持扔掉那些让你在精神上不堪重负的坏事。这儿所说的坏事，是指怨恨、嫉妒、猜疑、自卑等，它往往不被人们重视。可如果把这些坏事去掉了，乐观、活力就会占据你的心灵。杂草去掉了，禾苗就会茁壮成长。卸下那些不良情绪吧，让你心中充满朝气，让自己轻装上阵；不要继续背负它们，它们会让你步履维艰、精疲力竭。

你看到山脚下的那一棵棵大树了吗？因为它们接受了阳光的照射、雨水的滋润，扔掉了病虫折磨、干旱威胁，所以枝叶繁茂、挺拔秀丽。你看到盐碱地里的蒿草了吗？阳光照过来，它们不敢张开绿叶，因为怕蒸发体内的水分；雨水落下来，它们不敢尽情吸收，因为雨水已和盐碱融合；它们想扔掉盐碱这些过多的物质，可却办不到，所以簇簇蒿草都是无精打采、憔悴不堪。

亲爱的罗尼，你看到这儿，知道活力的秘笈是什么了吗？先不要翻下一页，先大声回答。

罗尼流着泪大声说道：“这秘笈就是，不断发现好事、坚持扔掉坏事。”

罗尼擦了擦眼泪，翻开了下一页，只见上面写着——

恭喜你答对了，罗尼。爱你的格拉。

格拉不愧是一位杰出的剧作家，他料定罗尼一定会总结出活力的秘笈，所以让遗书的最后一句话显得那样轻松、朝气和活力！

人生会遇到许多难以预料的事，在这些事物面前，我们应当正确对待，多往好的一面想并为此而努力。人有悲欢离合，月有阴晴圆缺，此事古难全。单独一人的力量很渺小，不能左右事物的发生发展，但我们可以用积极的心态和乐观主义精神去面对它。乐观，是一种最为积极的性格因素之一。乐观就是无论在什么情况下，即使再差也保持良好的心态，也相信坏事情总会过去，相信阳光总会再来的心境。

太阳每一天都是新的，人生每一天也是新的。晨光是新一天的标志，是光明的使者，是生命的象征，是力量的向导……每天拉开窗帘，一道阳光射入室内，明亮而温暖，再阴霾的心情也会随之晴朗起来。每天都是新的一天。地球不会因为我们而停止运转，我们也就没有理由用刻舟求剑的眼光去看待每一天。

“不断发现好事、坚持扔掉坏事。”这代表一种积极向上，超脱过去烦恼忧愁的健康心态。我们人生的每一步、生活的每一天，都如同重新升起的太阳一样，都应该是崭新的开始。面对新一天的太阳，我们要有好的心态。对每个人来说，好的心态是最重要的。花儿总在开放，美好的日子一天天地在流逝，如果你是一个心里装有彩虹的人，就能维持美丽的心情。人的一生是短暂的，不可逆转的，没有来生，没有来世，面对暂时的困难，我们必须微笑，而且是动人的微笑，只有珍惜现在的，展望未来的，我们才能活得轻松自在。

路还是昨天的路，但是里程碑是新的，人生每天都是一种全新的延续。只要你打开心灵的窗户，让温暖、和谐的阳光洒满我们的心田，你将会在蔚蓝的天空下，呼吸着新鲜的空气，享受着灿烂的阳光，品味着五彩的生活，成就灿烂的人生，幸福和快乐时刻伴着你。

第 26 节

回形针关爱

——让世界充满爱

20 世纪末，一场战争爆发。

丽娜从晚报上看到，有些参战的士兵由于没有家庭，从而缺少亲情的慰藉。作为两个孩子的母亲，丽娜决定给予这些无依无靠的士兵以心灵的寄托。怎么帮助他们呢？丽娜再三思考，决定给他们写信。信封上收信人一栏写着“任何一位参战的士兵”，而信的内容则是一些小诗、一些有趣的故事，或者是一些勉励的话语。

几天的时间，信就寄到了参战部队。虽然没写具体收信人姓名，但部队军官非常重视。他们以为这是消除士兵恐惧、提高士气的有效措施。很快，信就被各级军官分发给那些从无信件或很少有信件的士兵。丽娜平均每天要写 20 多封这样的信。虽然她工作很忙，下班还要照顾孩子，但她还是坚持写下去。

从报纸新闻上，丽娜进一步了解到，有些士兵由于环境恶劣，缺少关怀，从而意志消沉，精神苦闷。怎样才能让这些士兵振作起来呢？丽娜反复思考。她看到书桌上有几个五颜六色的回形针，这立刻让她有了一个创意。她将一枚黄色的回形针装入信封，同时附上一段话语：“回形针代表我给你的一个拥抱。当你情绪低落的时候，把它掏出来摸一摸，你就会知道有人在关心你、惦记你。如果我在你的身边，一定会真诚地给你一个拥抱。另外，黄色代表胜利，我们在家期盼着你们的好消息。”

信封上收信人一栏依旧写着“任何一位参战的士兵”。这样的信，丽娜还是每天写20多封。

战争时间不长，前后持续40多天。丽娜总共寄去600多封信，而装有黄色回形针的信就有一半。相比于600多亿美元的战争花费来说，丽娜的贡献实在微乎其微。丽娜没有收到回信，因为她没有留下自己的地址和姓名。另外，丽娜也没有从战地记者发回的报道上看到有关自己写信的消息。渐渐地，丽娜对自己的热情努力和新颖做法就淡忘了。

日子一天一天地过去，转眼间，战争结束10年了。

这天早晨，丽娜打开自家的房门——她感到万分惊诧——在她家的门口，站着一排排的男士，足有500余名，每个人的手里都拿着一束鲜花。看到丽娜打开房门，他们齐声喊着：“我爱你！丽娜女士。”刹那间，丽娜被鲜花和问候包围。

这是怎么回事呢?

原来，在战争结束即将10周年的时候，某个参战士兵联合会进行了“我最难忘的事”评选活动。许多当年参战士兵把“回形针关爱”列为最难忘的事。一石激起千层浪，评选活动勾起了许多人对收到回形针邮件的美好回忆。他们商定，一定要找到寄信人。

寻找寄信人并不复杂，从邮戳上看，所有回形针信件都是从一个邮局寄出的。虽然时间过去很久了，但因为这些信件特殊，所以邮局工作人员记忆犹新。他们告诉参战士兵，是附近的丽娜女士寄出的。

此刻，前来寻找恩人的当年参战士兵异常后悔，因为他们觉得这项工作至少应该提前9年来做。为了弥补他们的愧疚心情，他们决定采取一种特殊的感恩方式，即在战争结束10周年纪念日，一起来到丽娜家，送给她一个惊喜。通过因特网联络，100多名当年得到“回形针关爱”的人报名参加，另外，还有数百名战友虽然没有收到这样的特殊邮件，但主动要求一起来分享人间的真情，于是就有了丽娜刚才遇到的那一幕。

在这座城市最宽敞的会议室内，当年参战士兵们与丽娜一起座谈。

一位当年参战士兵说：“在我万分沮丧、痛苦不堪时，是回形针信件给予我安慰和希望，给予我无形的力量，让我走出阴影，正确面对战争。虽然我不知道信件是哪个人寄出的，但我知道有人想念着我，爱护着我。”

另一位说：“在我收到回形针信件后，我一直在思索是谁寄给我的。我有时觉得寄信人是我的邻居阿姨，有时觉得寄信人是我的中学同学，有时觉得寄信人是整个祖国人民。”

还有一位说：“战争是残酷的，身处其境的士兵收到回形针信件，好比一位在冰天雪地中行走的人得到一盆火，又好比一位在沙漠中跋涉的人得到一壶水，其兴奋之情是难以言表的。”

从早晨到现在，丽娜一直沉浸在幸福和喜悦之中。回形针虽然普通，但它代表的爱却极其珍贵，这让得到它的人永远珍藏在内心。

回形针关爱，是一种特殊背景下的关爱，这种关爱，让人激动，并且经久难忘。从本文看，关爱别人就是关爱自己，关爱别人是我们得到别人关爱的前提。关爱不是怜悯，更不是同情，而是快乐地以一己之力助他人成长发展，并让受助人也感到快乐温暖，这才是关爱的本质。被人关爱是一种美好的享受，关爱他人是一种高尚美好的品德。我们需要别人的关爱，别人同样需要我们的关爱。只要你细心观察，你就会发现你的身边有许许多多的人都需要你去关爱。别人给予我们关爱，那我们更应该去关心爱护他人，这样世界上才会充满了爱。

第 27 节

影响整座城市

——人际热传递

几天前，思良和朋友希正一起搭乘出租车。下车时，希正对司机说："谢谢，坐你的车十分舒适。"这司机听了一愣，带着狐疑的眼光望着希正问："你有什么要求吗?"

"不，老兄，我不是在寻你开心，我很佩服你在交通混乱时仍能沉住气。"

"是呀!"司机说完，笑嘻嘻地驾车离开了。

"你为什么要这样说?"思良不解地问。

"我想让这个城市多点人情味，"希正答道，"唯有这样，这个城市才有出息。"

"哈哈，"思良笑着说，"靠你一个人的力量怎能办得到?"

"嘻，只是起带头作用。我相信一句小小的赞美能让那位司机整日心情愉快，如果他今天载了 10 位乘客，那么他就会对这 10 位乘客态度和善，而这些乘客受了司机的感染，也会对遇到的人和颜悦色。这样算来，我的好意可间接传达给几百人、几千人。你说，是不是呀?"

思良抑住了笑，字字清晰地说："但是，这位出租车司机会照你的想法做吗?"

希正回答说："我并不期望每一位出租车司机都把笑意传递下去。我知道这种做法是可遇不可求的，但总会有人这样做，所以我尽量多对人和气，多赞美他人。即使一天的成功率寥寥无几，但仍可影响很多很多的人。”

思良有板有眼地说：“我承认这样做肯定有效果，但你这样做值吗?”

希正说道：“就算一点效果没有，对我也毫无损失呀！开口称赞那司机花不了我多少时间。如果那人无动于衷，这也无妨，我还可以去称赞下一位出租车司机!”

思良想：希正说的话，很有道理。在生活中，他不只称赞出租车司机，他会称赞他遇到的每一个应该称赞的人。这些人如果是工厂工人，他们会因这句话而相互鼓舞从而更加起劲地工作；这些人如果是学校老师，他们会因这句话而使他们的学生如沐春风；这些人如果是机关干部，他们会因这句话而全心全意尽职尽责地服务于人民群众。这，对他人来说，对社会来说，何尝不是一件好事呢?

想到这些，思良忍不住说：“你简直太伟大了。”思良也跟着希正学开了。“这个城市人口总共200万，如果有2000人、2万人像你这样做，那么这个城市不就成了东晋大诗人陶渊明笔下的桃花源了吗?”

“呵呵，”希正笑着说道，“我能影响一个就一个，能两个就两个……虽然我只是一个小民，但只要我不泄气，相信这个城市总会有所变化的。”

思良又学着希正的模样赞美道：“肯定会的。你可以影响整座城市，文明之花将由你而盛开。”

“能影响一个就一个，能两个就两个”，实际上是一种热传递。

在通红的火炉周围，物体会因为热传递而温度升高，这是物理常识。人与人之间，也有热传递现象。某人喜欢足球，时间久了，他的家人、同事也跟着喜欢上足球，这是兴趣爱好在人际热传递。俗语说，“近朱者赤，近墨者黑”，这种结局的产生就是因为热传递的作用。了解人际热传递现象，运用人际热传递规律，可以助你摆脱困境，走向成功。

有一个夏天，帆船运动爱好者苏朝驾驶一艘单桅帆船，做了一次为期两周的航行。一场罕见暴风雨降临了，苏朝紧张极了，他向三位船上的同伙大声吆喝命令，结果除一人外，其他都吓得发抖，帆船几乎失去控制。那个例外的人曾做过海军士兵，对此很有经验。他迅即跑向苏朝说："作为船长，你首先要保持冷静，这样才能号召大家。你的行动要稳重，语调要平稳，说话要干脆，只有这样，同船的人才能从容不迫。"苏朝迅速接受了这个建议。受良好情绪热传递的影响，其他几人很快镇定下来，各就各位，各司其职，终于摆脱了这次危机。不良情绪能够污染人，良好情绪能够感染人。

山东有位叫祝俊的青年去陕西省乾县出差，回来后对单位的同事说，他看见该县有些妇女喜欢吃土，有的一次能吃 1 斤以上。听他讲完，同事们都笑了。有的同事说是不是祝俊路上得过什么病，要不怎么神经不正常；有的同事说如果此事是真的，那么当地人们就不用种粮啦。面对根本不信的同事，祝俊照旧那样认真和执着。他补充了很多证据，说那种土壤是红色的，吃土的妇女自述能顺气化食，她们还说"吃土的滋味跟男人吸烟一样"。祝俊的言语里充满了肯定，急切笃信之情溢于言表。单位里有位老赵阅历丰富，他郑重地对祝俊说这件事可信度微乎其微。祝俊呢？马上跳了起来，要跟老赵打赌，由乾县有关部门裁定胜负。在这个时候，祝俊单位里的大多数人都站到祝俊那边去了——他们原来根据常识所作的判断被祝俊充满热情、自信和迫切的语言动摇了。众目睽睽之下，也有点半信半疑的老赵出于好奇给乾县打了个电话。那边回答是肯定的，他们说，这种土不是普通的土，而是蒙脱石集中的第四纪下部土壤层中的红黏土。她们之所以嗜土成瘾，是身体营养需要。祝俊真不含糊！说服了一大群开始根本不信的同事。由此可以得出这样一个结论：当你在阐述某件事情时，如果做到言出心声，说出来的话热切、执着到了足够程度，就会有人为你信服，这时候对立的观点都难以招架，因为你的激情感染了听众，你把你的观点传递给了他人。

有师徒二人经营珠宝生意，第三年，徒弟暗地里携带师傅的大量钱财逃跑了。师傅非常恼火，他找了他的老乡诉说心中苦闷。这位老乡也是经营珠宝生意，也是师徒二人，不过这位老乡的徒弟品质优秀。听完被骗师傅的诉苦，老乡说："不要一味埋怨命运不好，你应多找一找自己身上的原因。你在经商中有没有欺骗客户呢？交往中有没有欺骗朋友呢？"被骗师傅说："有过，而且次数很多。"老乡说："是你将这邪恶种子植到你徒弟的心田上，你自己也有责任呀！"被骗师傅默然无语。老乡接着说："我也有恶劣思想在头脑中闪过的时候，但我都克制住了，因为我要给徒弟做出个表率，不只传授我的经商经验，而且也要传递我的高尚品德。所以，我的徒弟不会像你的徒弟那样欺骗师傅。"至此，被骗师傅彻底明白了。品德高尚的人会一生幸福，品德恶劣的人迟早会遇灾祸，这是因为品德能够热传递，会间接反作用于自己。

情绪、观点、品德……这些都能在人际热传递。要想使自己成为一个生活如意的人、事业成功的人、在社会上有影响的人，为何不将人际热传递发挥得淋漓尽致呢！

第 28 节

几次赞美抵消一次贬低

——需要中肯的批评

一次酒后，王老师把李老师狠狠贬低了一通。李老师、王老师都是搞法语翻译的。王老师说李老师的翻译作品只能当“反面教材”，那些杂志社、出版社采用李老师的译本，就会误人子弟。另外，王老师还指责李老师的译本中，“法拉欧弟”“阿利西亚”等译法欠妥，翻译的内容也丢三落四。

面对如此贬低，李老师气得直打哆嗦，一句话也说不出来。

第二天，王老师酒醒后，意识到自己成了“贬低他人抬高自己”这股译坛歪风的一名传播者。他深感内疚，专门去向李老师道歉，真诚赞美李老师功底浓厚，在中国译坛上占有一席之地。虽然王老师用心去取得李老师的谅解，可李老师与王老师之间的人际心理裂缝还是很大。之后，虽然王老师在大会上、在报刊上、在背后、在面前多次赞美李老师的学术造诣，可李老师对王老师依旧心存芥蒂。

因为贬低他人而带来的人脉损失，用赞美去补救，有用否？肯定是有用，但多少次赞美才能抵消一次贬低？

这个问题确实不好回答。李老师在听到王老师九次赞美后，才消除了因王老师那次贬低带来的不快，从而让两人关系恢复如初。在这件事情上，王老师九次赞美才抵消一次贬低。人与人之间，是否都是九次赞美化解一次贬低呢？答案是不一定的。因为人与人之间千差万别，九对一，并不是一个固定比例。

在社会上，人们往往有这样一个特点：对别人给予的好印象，往往不很在意，而对别人给予的坏印象格外关注，认为那是对自己尊严的冒犯。要疗平这种坏印象的伤害，需要他人做数倍的好印象努力才可以。人们都曾有过这样一种感觉，一次不小心得罪人，虽然有多次良好表现，也很难抚平该人的负面情绪，这种现象正是由人的心理特点决定的。

有些人水平高、能力强，经常听到他人的赞美，那么一次赞美对他来说，影响极小。与之相反，有些人水平差、能力低，难以听到他人的赞美，偶尔一次得到他人的表扬便会心潮澎湃、热血沸腾。

有些人水平高、能力强，很少遭遇贬低，偶尔受到一次贬低便可能刻骨铭心。与之相反，有些人水平差、能力低，别人的指责、批评常常不绝于耳，即便再听到那么一次，也无伤大雅。

以上这些因素，直接影响了几次赞美才能抵消一次贬低。另外，人的胸怀不一、自信心不同、认知能力有差别，这些因素也决定了一次贬低要用几次赞美才能抵消。如果说一次贬低对某个人的伤害是负 10，赞美对这个人的正面影响是 2，那么 5 次赞美才会抵消 1 次贬低。虽然这里面有笑谈的成分，但此说法是很有道理的。其实这也只是个笼统的说法，要知道一次赞美、贬低的影响力都是可深可浅的。不论是赞美，还是贬低，如果对某人的影响都很小，那么这人就可称得上是大家风范，因为他做到不以物喜、不以己悲、心态归零、心静如水了。

良言一句三冬暖，恶语伤人六月寒。一次贬低可能比几次赞美对人们的影响还大，一个坏的印象可能要有若干次好的印象才能抵消。不管是几次赞美才能抵消一次贬低，我们都应该清楚地认识到，我们要谨慎处世，坚决杜绝贬低他人。如果不小心贬低了他人，也要不泄气地用赞美来填平人际裂缝，一次不行，两次，两次不行，三次，直到抚平创伤。

贬低不同于批评。批评是善意的，是有益的，是提倡的。批评的目的意在打动对方，使得对方能认识到自己的错误，回到正确的轨道上，而不是贬低对方。当然，即使你是真心诚意地批评他人，也要注意方式和场合等问题。如果说贬低是沙尘暴，那么赞美就如阳光，批评就如雨露。我们在人际交往中，不需要贬低，但是需要真诚的赞美和中肯的批评。

第 29 节

太平天国镜鉴

——分析一下心理优点和弱点

1851 年，洪秀全率领拜上帝会宣布起义，建号太平天国。14 年后，这场气势磅礴、震惊世界的农民革命战争失败了。电视连续剧《太平天国》中的歌曲“能共那苦中苦，难共那甜中甜；能过那生生死死般般险，难过那花花绿绿重重关；不问那千秋大业为何毁一旦，只叹那剑上血还是那么咸，风中泪还是那么酸”——异常贴切地道出了太平天国的衰亡原因之一：其领导人在做人方面的缺陷导致了太平天国的衰亡。从这里可以看出，我们应该如何做人。

一、要谦虚谨慎，忌骄傲专横

日中则昃，月盈则亏。一个人如果取得了很大功绩，那么他应该谦虚谨慎，这样会使他更上一层楼，会保他一生平安。然而有一些人却不采取这种正确态度，他们取得了一定成绩，便飘飘然起来，昏昏然起来，不仅骄傲自大，而且专横跋扈，这是做人方面的缺陷。如果这种人不及时改正的话，他们迟早会被这块自己设置的石头绊倒。

东王杨秀清在太平天国建立过程中，显示了出色的政治军事才能，但在革命成果取得的同时，他开始自恃功高，日渐专横起来。他随意处死太平军将士，连许多王侯，包括北王韦昌辉等人，也都受过他的杖责。1856 年 8 月，清军包围天京的江南大营被打垮，太平天国的前景更加广阔，杨秀清乘机扩权，逼迫洪秀全亲自到东王府封他为“万岁”。对此，洪秀全表面上答应，暗中密令在江西的韦昌辉等人，迅速返回天京“救驾”。9月1日，韦昌辉率心腹部队3000多人深夜赶到天京，迅速包围了东王府，大开杀戒，除杨秀清及其亲属外，还有2万多名将士惨遭杀害。自此，太平天国在军事上达到鼎盛以后，开始转向衰退。杨秀清的被杀，是与他居功专横有联系的。假若他没有这项做人缺陷，或许清末历史也要改写。

与杨秀清相反，创建、率领湘军打败太平天国的清廷大臣曾国藩不但败不馁，而且胜不骄。这位信奉程朱理学的著名人物以为，如果不落个三国时期诸葛恪的下场，其中之一就是要做好“谦”字文章。咸丰四年十一月，湘军攻下黄梅县，逼近九江府时，曾国藩写信告诉家人：“我现在军中声名极好，所过之处，百姓爆竹焚香跪迎，送钱米猪羊来犒军者络绎不绝。”如果此时，曾国藩热得发昏，或许太平天国就有希望。可是曾国藩不发烧，他仍然“寸心兢兢，且愧且慎”。在曾国藩奉旨署湖北巡抚，赏戴花翎之时，他在家信中还一再提到“但愿官阶不再进，虚名不再张，常葆此以无咎，即是持身守家之道”。在与太平军交战后期，随着战功的增大，官职也到了顶峰，而曾国藩更加谦逊起来，多次奏请将“两江总督”“钦差大臣”这两顶帽子分出一顶给别人戴，言明“将来遇有机缘，即便抽身引退”。如此谦虚谨慎，也难怪太平军会被打败了。不说其他，单此一方面，部分太平军将领就相形见绌了。

二、要靠德行树威信，忌借压迫建权威

威信，是众所共仰的声威信誉，它是体现一个人社会价值的重要方面。不用多说，人们都想获得较高的社会威信。有的人靠关怀、爱护等德行来树立，有的人却想利用欺凌、打击等压迫手段来建立。后一种做法是不能拥有威信的，因为在这种手段下，即使对方表面上对其俯首恭听，但内心却对其厌恶至极。

太平天国建都天京（南京）后，在起义队伍中的等级观念、宗派色

彩日益明显。韦昌辉平日在洪秀全、杨秀清面前十分驯顺，两头讨好，如同奴才。可是杨秀清就是不喜欢他这种作为，要他乖乖一边倒，于是他借压迫来树自己的权威。韦昌辉之兄与杨秀清妾的父亲争房宅，闹出了一场风波，杨秀清就将韦昌辉之兄交韦昌辉惩办。这做法本就欺人太甚，实质上是以凌辱韦昌辉来抬举自己的地位。然而韦昌辉却打落牙齿和血吞，加倍奉承，将其兄五马分尸，还说非如此不足以警众。如此"忠诚"做法，实是将报仇雪恨之种埋在心底，以等待翻身时机之水的到来。结果，被至高权势弄得自我发昏的杨秀清，真的麻痹大意了，让韦昌辉得到了时机。洪秀全给韦昌辉一道密令，由其主持了一场残酷的大屠杀。但韦昌辉最后没有赢，被利用过后也被杀掉了，杨秀清却在三年后恢复了名誉。从杨秀清的悲剧可以看出，凌辱一个人，虽然会一时让自己心满意足、趾高气扬，但却为自己置下了一个大大的祸种。说不上哪一天，这个祸种就会遇水、破土、发芽。

曾国藩是一介书生，然而众众多多的武夫都对其服服帖帖，其中一项原因便是曾国藩靠德行来树立自己的威信。有一个事例很能说明这个问题。以前为曾国藩守门的仆人，由于一点小事不合其意而离去，后来换了另外一个仆人，表现很不错。从这里，曾国藩总结出一项经验，他在给其弟信中说道："如果把部下、仆人视为旅客，刻薄而缺少恩惠，冷漠而近似无情，那么部下、仆人也会把上级、主人视为旅客。我待下属虽然不算刻薄，但是有将他们视同旅客的意思，所以人家就不会完全为我尽力。以后我应当将他们视同家人，亲同手足，名分地位尽管严明，但人们的情感是应当彼此沟通才好。"在曾国藩的这种观点支配下，湘军营中因此笼络了大批人才，曾国藩也创下了在清代由文人领兵打仗且取得巨大成功的奇迹。

三、要以诚待人，忌虚伪猜忌

俗语说，"巧伪不如拙诚"，"精诚所至，金石为开"，"以诚感人者，人亦以诚而应"。以诚待人者的影响力是很强的，得到的收益也是很大的。与此相反，虚伪猜忌者，虽然自认为非常聪明，但却常常被聪明所误，因为与其交往对方得不到信任，自然也就不会与其倾心而交。

太平军席卷半个中国后，革命初期那种“寝食必俱，情同骨肉”的作风没有了，出现了“彼此睽隔，猜忌日生”的局面。在这种情况下，杨秀清、韦昌辉及翼王石达开等人，开始通过各自家族与部属关系，形成自己的小集团。杨秀清被杀后，韦昌辉乘机滥杀无辜，石达开便加以责备。因此，韦昌辉又杀掉了石达开在天京的一家老小。石达开逃走后，调集部队，要求洪秀全惩办韦昌辉。由于韦昌辉在天京激起民愤，从而被洪秀全下令处死。经历了如此大的事变后，洪秀全对石达开有了猜忌。他一方面对石达开礼遇有加，赋予其在天京主持军政的大权；另一方面又对其加以防范，封自己的两个哥哥为王，对其牵制。这种虚伪做法，使得石达开感到陷入了危机四伏的境地，觉得在天京大展宏图之路已被阻绝，他对洪秀全不能以心换心而伤感不已，于是在1857年6月，负气离开天京，带走了10余万精锐部队。在太平军将领的眼中，石达开是个知书达礼、疏财仗义、居心仁厚、才能卓越的统帅，可是洪秀全没有给他应有的待人态度，从而导致了太平天国领导集团分裂加大，形势逆转急下。石达开的出走，大大削弱了太平天国的力量。短短几个月后，清军乘机反扑，重建了江北、江南大营，围困住了天京。

曾国藩在创建湘军时，就把“诚”字作为举办团练的信条。据说，曾国藩每天早晨要与幕僚一同进餐。李鸿章初来时，习惯睡懒觉，到了早餐时便以头痛推辞。没料到曾国藩三番五次派人来请。等到他披了衣服赶到后，曾国藩才招呼大家进餐。饭后，曾国藩正颜厉色道：“少荃（李鸿章字），既入我幕，我有言相告，此处所尚，唯一诚字而已。”一句话把李鸿章说得羞愧不已。曾国藩能创办湘军，击败太平天国，与他以诚待人所带来的巨大影响是分不开的。

四、要宽以待人，忌心胸狭小

宇宙广阔而无垠，使日月星辰各得其所；海洋深不可测，一望无际，使众多的海洋生物在她的怀抱里优哉游哉；山谷博大而深邃，人们在她面前会意识到自己的渺小，从而对她满怀尊敬和虔诚。宇宙、海洋、山谷的典范告诉我们，如果有一个宽阔的胸怀，就会有一个广阔无量的前景。与宽以待人相反，心胸狭小是做人的缺陷。这种人不能与各种不同性格的人友好相处，故步自封，斤斤计较，使周围的人对他“热”不起来。

著名作家张笑天先生所著《太平天国》一书中讲：苏三娘是个俊美的太平女将，洪秀全想纳其为妃，可是苏三娘倾情于太平勇将罗大纲，洪秀全心里很不是个滋味。虽然罗大纲战绩显赫，功不可没，可是洪秀全就是没给他应有的官阶。从这件事上，众将领都意识到了洪秀全心里有一杆不公平的秤，这都是因为罗大纲的恋人苏三娘而起。罗大纲是受了牵连，有苦说不出。将领们为洪秀全的心胸狭小而不满。太平天国从金田起义，到定都天京，是与洪秀全的高超领导水平、良好做人品德分不开的，但由盛转衰，却是与心胸狭小等做人方面的缺陷有关系的。

清末名臣李鸿章、左宗棠等，虽然对曾国藩都很尊敬，但有时为了名和利，也有对曾国藩不敬的地方。但曾国藩能一一原谅他们，从而能够领导他们。曾国藩常说：水至清则无鱼，人至察则无友。虽然不敢说交友待人毫无疏漏之处，但这么多年来，如果不是以德报怨，宽以待人，这些性格各异的大吏们能够拥戴他吗？宽以待人，会使自己的前途多一条路；心胸狭小，会使自己的前途多一堵墙。

五、要知错就改，忌一意孤行

“人非圣贤，孰能无过。”有了过错，就应该改掉。这好比驱散乌云，才会使天气新晴。有过是一过，不肯认过，又是一过。然而有些人为了自己的面子，有错不纠，有过不改，听不进批评意见，不接纳正确建议，结果害了自己，也害了别人。

石达开负气离开天京，振臂一呼，带走了10余万太平军将士，去云、贵、川等省份另辟新天地。由于孤军作战，没有根据地，虽然多次击败清军，但支撑日渐困难，将士们越打越少。到后来，连他最亲近的部将信心也开始动摇了。他们更加强烈地意识到，石达开领导的道路是错误的，于是苦苦相谏。面对众将的多次劝说，石达开就是磨不开面子，不但不肯回归天朝，而且言明至死不会回头。1863 年 5 月，石达开在四川大渡河畔被清军包围，这次他又不顾及将士们的反对，带着 5 岁的儿子自投清营，想以自己一死保全将士性命，结果全军仍遭屠杀，他本人也被凌迟处死。一意孤行的做人缺陷，害了石达开，也害了跟随他的将士，更害了整个太平天国。

与石达开相反，曾国藩是个知错就改的人物。据说，他从 31 岁开始，就天天写《过隙影》。写些啥呢？"每日一念一事，皆写之于册，以便触目克治。""凡日间恶过，身过、心过、口过，皆记出，终身不间断。"曾国藩天天写《过隙影》，是为了不断改过自新。有一天，曾国藩猛省从前与小珊结仇怨，错在自己当初"一朝之忿，不近人情"，于是夜晚便到了小珊住处登门谢罪。长谈之后，过了 4 天又请吃饭。效果如何呢？"从此欢笑如初，前隙尽释矣。"曾国藩在与太平军交战初期，屡战屡败，就是因为能够知错就改，才会由败转胜。可惜，部分太平军将领做不到这一点。

六、要不忘旧恩，忌恩将仇报

不忘旧恩，不仅是做人应有的品质，而且也是处世的明智策略。因为，不忘旧恩的人，不但人人都愿意和其交往，而且还乐心帮助他。与此相反，恩将仇报的人，不但没人愿意和其交往，而且在困难之时也得不到他人的帮助。

有些史学家评论，洪秀全是个既要一心把天下占为己有，有时又是一个为了丁点儿私利竟然恩将仇报的造反领袖。张笑天先生所著《太平天国》中讲，洪秀全为了检验自己的一个妃子是否会给杨秀清暗暗报信，便借助酒醉，故意将自己的救命恩人太平将领曾水源说成是自己安插在杨秀清身边的探子。结果呢，这个妃子告诉了杨秀清，杨秀清也因为曾水源曾救过洪秀全一命，便信以为真，找个法子，将曾水源置于死地。洪秀全目的达到了，却白白地葬送了无故的曾水源。有这种严重做人缺陷的领袖，当然是不能领导太平天国这艘航船驶向理想彼岸的。在石达开死后一年，也就是1864年6月1日，洪秀全因病逝世，一个多月后，天京失陷，太平天国革命失败。

在《太平天国》一书中也提到一件事，曾国藩受到道光皇帝的首辅穆彰阿的器重，建立了很深的师生之谊。可惜咸丰继位后罢黜了穆彰阿，很多人受到了牵连，曾国藩没有明显的巴结行为，称不上死党，因而幸免。有一次，他路过门庭冷落的穆宅时，专门进去看望了穆彰阿的儿子穆萨廉，并为穆家修了旧宅。此事深深打动了当时的朝中大臣肃顺，称曾国藩是不忘旧恩的君子，因而大力向咸丰皇帝推荐曾国藩。在肃顺的帮助下，曾国藩做了不少大事。洪秀全恩将仇报，曾国藩不忘旧恩。在这个偶然事件的背后，喻示着一个必然道理：有着优良品德的人会取得最终胜利，有着恶劣品德的人会早晚遭到失败。

探究太平天国的衰亡原因，我们会更加懂得，一个人怎样做人，会决定这个人的一生命运，其他诸如天灾、人祸、疾病、机缘等因素，虽有影响，但并不大。可以说，在某些条件下，学会做人比学会做事更重要。古人远去，新人登场，但愿引以为鉴。

第 30 节

人际吸引力

——心理相吸与排斥

说到人际吸引力，有的人觉得熟悉，有的人感到似懂非懂。看看下面两个例子，你定会惊叹不已。

某地举办一场交响音乐会，在某知名音乐指挥家的精彩指挥下，整个交响乐团取得了巨大成功，博得了观众阵阵掌声。演到精彩处，一位姑娘跑上舞台，将祝贺花环挂在这位指挥家的脖子上。为了表示友好和对观众的尊敬，音乐指挥家并没有将花环取下，而是戴着花环继续指挥演奏。随着他手臂的挥动，花环上的花瓣纷纷落到他的脚下。这时，观众席上一位男士感叹道："待他停下来的时候，他脖子上就只剩下一道绳索了。"旁边的一位女士听后反驳道："等音乐会结束时，他就是花瓣中的王子了。"

同一件事，为什么有两种截然相反的评论呢？原因是男观众的心理是排斥这位音乐指挥家的，而女观众的内心则是被这位音乐指挥家所吸引的。对这位男观众来说，音乐指挥家没有人际吸引力；对这位女观众来说，音乐指挥家具有人际吸引力。人际吸引力有与没有，决定了评价好与坏。

春秋时间，卫国有位风度翩翩的美少年弥子瑕，国君卫灵公非常宠爱他。有一天，弥子瑕在桃园顺手摘了一个桃子吃，没想到这桃子异常鲜美，弥子瑕就把吃剩的一半留着，拿去献给卫灵公。卫灵公很高兴地对他说："你一定是舍不得吃，特意把它留给我的。"几年后，弥子瑕的容貌不再像以前那般美好，卫灵公就渐渐疏远了他。某一天，卫灵公突然想起弥子瑕让他吃剩桃子的事，就破口骂道："这个弥子瑕太可恶了，竟然把他吃剩的桃子送给我。"

还是同一件事，为什么前、后卫灵公的感受不同？原因同样是人际吸引力的作用。当弥子瑕年轻貌美对卫灵公有吸引力时，他的一举一动在卫灵公心里都是不错的；当几年后弥子瑕对卫灵公失去吸引力时，他的那个有问题的举动就会让卫灵公心里不愉快。

看完以上两个事例，我们来说人际吸引力重要不重要，毫无疑问是非常重要的，只是这个普通得不能再普通的问题不被很多人所注重。

在许多方面，人际吸引力与电磁铁吸引力相同。当通电时，电磁铁就有吸引力，断电时就没有吸引力。另外，电流强弱发生变化，电磁铁吸引力也发生变化，电流方向改变时，吸引力也就变成排斥力。电磁铁吸引力的变化与人际吸引力的变化是相通的。不要小瞧了电磁铁吸引力，再重的物品，也会被电磁起重机轻轻举起。在人际交往中，你要想拥有好人缘、获得他人的帮助，那么就请你提高人际吸引力。提高电磁铁吸引力，靠的是提高电流、增加线圈的匝数；提高人际吸引力，靠的是关心他人、爱护对方、赞美优点、共享共鸣等各种沟通方法和技巧。

第31节

谋杀秦始皇

——方士们的软刀子

秦始皇嬴政是中国历史上第一个统一中原的帝王，也是中国历史上最有作为的皇帝之一。在他先为秦王、后为始皇期间，灭六国、拓边疆，修驰道、筑长城，确立集权、统一文字，建立了恢宏功绩，但与此同时，他苛政暴虐，赋敛无度，滥杀无辜，屡挑战争，激起了无数人的愤怒，许多人都想诛之而后快。先是荆轲用匕首刺杀秦王，再是高渐离敲筑袭击秦王，后是张良伙同大力士用铁锤伏击秦始皇，但一幕幕惊心动魄之举都是功亏一篑，接连失败了。

当铁锤、匕首、刀剑刺杀始皇嬴政无效时，一场无形的谋杀登场了！

话说秦王嬴政统一六国后，以为自己功过三皇，德超五帝，自称始皇帝。此刻，秦始皇觉得无所不能，无人能比，甚至忘乎所以。既然自己所取得的功业是“自上古以来未尝有，五帝所不及的”，那么自己的寿命也应该是前所未有的，别人没有达到的求仙愿望，自己当然也应该达到。秦始皇开始做起了权威无限、生命无限的美梦。秦始皇笃信神仙学说。方士们对仙山、仙境活灵活现的描述，对仙人随心所欲、长生不死的生活的赞美，都令秦始皇心慕神往、沉迷于此，且深信不疑。几次巡游全国，秦始皇所到之处，方士们无不闻风而动，云起雾和，使他进一步处在方士文化的笼罩之中。尽管他听信方士之言，求长生不老之药，但事实却一次又一次令他失望。因此情绪暴躁的秦始皇动不动就杀人。

他身边的方士卢生、侯生等，整日生活在恐惧之中。

一天，卢生对侯生说："俗话说，伴君如伴虎。我们侍奉皇上，说不定哪一天惹恼了他，咱们就没命了。"侯生一听，满面愁容："是呀！那你说怎么办？"卢生说："只有远离皇上，才能保全性命。我们可以这样。"卢生如此这般地向侯生耳语了好一阵子。

过了几天，卢生向秦始皇奏道："皇上年年求仙，次次不成，以臣愚见，肯定是有什么事妨碍了神仙，因此见不到神仙。是不是神仙喜欢安静，不爱吵闹呢？要不然，他们怎么会生活在天外，出没在夜间呢？"秦始皇点头称是。卢生接着说："今后，皇上最好独居一处，不令外人得知。每日静心等待，这样，神仙肯定会被皇上的诚心所感动，一个接一个地来拜见皇上的。"秦始皇说道："你言之有理。"于是秦始皇对臣下安排道："把朕在咸阳的所有行宫统统连接起来，朕愿意住哪儿就住哪儿，不得令外人知晓朕的行踪。"

此言一出，全国上下，征用役夫，调用财力，很快便把咸阳周围200里内的270座行宫，用复道、甬道相连，并帷帐、钟鼓充之。工程结束，卢生、侯生一起去见秦始皇，说道："为了让神仙与您相见，臣等也应居于别处。这样，皇上才能有一个清静的仙境与神仙相会。皇上若有什么事找臣，臣等招之即来。"秦始皇把手一挥："去吧！"就这样，卢生、侯生便像逃出樊笼的小鸟，头也不回地远走高飞了。

秦始皇得知消息，恨得咬牙切齿，大骂："仙人请不来，仙药找不到，卢生、侯生竟逃之夭夭！这些可恶的方士都在戏弄朕。来人，把城里的方士给朕统统活埋了！"第二天，咸阳城外挖了一个很大很大的坑，460余名方士，包括一些儒生，一齐遭到活埋。

卢生、侯生等闻听后无比悲愤，便设计了一个用"软刀子"暗杀秦始皇的计划，在这方面方士们是很聪明的，他们明白特殊语言的暗示诱导既能激发人，也能害死人。正巧，天上有块陨石坠于东郡，卢生、侯生等人便在陨石上刻了几个字："始皇死而地分。"诅咒秦始皇死了后，秦国的地盘又将由六国分割而治。

这条咒语很快传到秦始皇耳中。他大发雷霆，立即派人追查，卢生、侯生等早已转移，秦始皇没有查到造谣者，便把陨石降落点附近的村庄血洗了一遍。还不解恨，他又命人把陨石放进大火中烧得粉碎。他生平最忌讳死，所以才追求长生不老的仙药。现在，仙药求不到，咒语却自天而降，他怎能不愤怒呢！想来想去，秦始皇考虑出一个镇邪的办法：从此以后，不再称自己为“朕”，而自称“真人”。秦始皇又命人写了许多歌颂仙人的诗，谱曲歌唱，以此驱除不祥。

方士们一计接一计。这年秋天，秦始皇的使者从关东返回咸阳，夜间在华阴遇见一个持璧的人，这璧是八年前秦始皇沉江镇浪的玉璧，持璧人拦住使者说：“替我把这玉璧送给周武王。”又说：“今年祖龙死。”那人言谈举止，犹如山鬼。这送璧人就是卢生、侯生等人特意安排的，目的是用特殊语言进一步加重秦始皇的心理负担，让其一步步走向崩溃。

秦始皇听了使者禀报，看着那玉璧，呆若木鸡，默然很久。他深信鬼神的存在，知道祖龙就是指自己，并知道纣是暴君，周武王曾伐纣，给周武王送璧，乃不祥之兆。这次，秦始皇没有发怒，而是吓得脸色苍白，半天没说出一个字。过了许久，他才喃喃自语：“山鬼不过只知一岁之事，不能预卜未来。现在是秋天了，想个办法，或者可以躲过去呢。”内心不安的秦始皇便占卜算卦，算卦的人早让卢生、侯生等人串通好了，秦始皇一连问了好几卦，卦象都说游徙吉利。于是，秦始皇再度巡游全国，这是第五次，也是最后一次。

卢生、侯生等人为啥希望秦始皇外出呢？他们很清楚，秦始皇心理已经很脆弱，并且年龄已大，如果加上旅途颠簸、劳累，那么秦始皇必定会患重病，而患了重病在路上是很难治好的。

秦始皇带着惊恐，带着祈求，满腹心事地离开了咸阳。他先至湖南苍梧山，祭拜虞舜。然后，他顺长江一路漂流，经过安徽丹阳，到达浙江钱塘。当时，正值钱塘潮汛，江水滔滔，声如雷鸣。秦始皇吓得双腿发抖，以为惹恼了河神。等河水平静后，秦始皇渡过钱塘江，登会稽山，祭大禹，望于南海，立石颂德。北归时，秦始皇从江苏渡江，乘海船北上山东琅琊。在琅琊时，神志虚弱的秦始皇梦见和海神开战，被打得大败。海神如同人形，秦始皇便命占梦。占梦官说：“水神是看不见的，他常以大鱼蛟龙为臣，此恶神当除去，善神方能降临。”秦始皇便下令捕杀巨鱼。他本人也拿着连弩，等候大鱼以射。从琅琊到荣成山，都没有见到大鱼。后来，终于遇到了巨鱼，射死了其中一个。可是善神终究不肯光顾。这位占梦官的话无意中又加重了秦始皇的心理负担和身体疲劳。

秦始皇一路屡遇惊吓，心里又总想着陨石上的咒语和山鬼的谶语，当行至山东平原津时，秦始皇就病倒了，并且病情日益加重。此刻，秦始皇终于明白自己和凡人一样，长生不了。于是，他写下遗诏，连同玉玺一并想交给太子扶苏。到了河北沙丘，秦始皇便一命呜呼了。他生于赵，死于赵，50 年间有意无意地完成了一个地域的轮回，也算是叶落归根。秦始皇死后，手下大臣赵高和李斯相谋，私改诏书，假借秦始皇名义赐死太子扶苏，改立次子胡亥。这年九月，葬秦始皇于骊山。

秦始皇开始误信方士之言，最终也死在方士之言。老子讲，“天下之至柔，驰骋天下之至坚”。方士们的“软刀子”，其威力可谓胜过千军万马。气吞山河的秦始皇，一生没被刀光剑影吓倒，却被几句捏造的话语给压倒了。此事可悲、可叹呀！

第 32 节

人际蓄势说

——打动人心的诀窍

战国初期，韩烈侯拜侠累为相国。侠累未得志时曾与严遂为兄弟，侠累家贫而严遂家富，严遂供他日常费用，又出钱助他游仕。侠累为韩国相国后，严遂希望他能将自己举荐给韩烈侯，结果一等数月，连侠累的面都见不上。严遂用自己的家财贿赂韩烈侯左右，终于得到韩烈侯召见。韩烈侯看重严遂，想加以任用，侠累却在韩烈侯面前数说严遂短处，阻止韩烈侯起用严遂。严遂闻听此事，愤恨到极点，离开韩国，遍游列国，寻访勇士刺杀侠累。

严遂来到齐国，见有人在店铺中宰牛。只见那人高举大斧，一斧就将牛砍得筋骨折断，毫不费力。严遂见那人相貌威武，口音不像齐国人，便走过去与其交谈。严遂问那人姓名来历，那人说道："在下名叫聂政，魏国人，因性情耿直，得罪了乡邻，这才带老母与姐逃到此地，以屠牛为业。"

第二日，严遂整理衣冠，前去拜访聂政，邀请他来到一家饭馆，将一匣珍珠赠送给他。严遂说道："听说你有老母在堂，我特向你献上这点小小礼物，想帮你赡养老母。"聂政说："先生帮我赡养母亲，也一定有用我之处。若不说明白，我决不敢接受如此重礼。"严遂便将侠累忘恩负义、自己寻求勇士将他刺杀一事告诉聂政。聂政说："前辈勇士专诸有言，老母在堂，不敢将性命交给别人。请先生另访别的勇士，在下不敢白受先生的重礼。”严遂说：“我敬佩你的大义，想与你结为兄弟，又怎敢以自己私事来夺取你对母亲的一片孝心呢?”聂政无奈，只得将珍珠收下，用其中一半为其姐做了嫁妆，留下一半供养母亲。

这年年末，聂母病逝，严遂前去哭吊，又为聂政代理丧事。聂政将母亲安葬后，对严遂说：“现在我的性命就是先生您的了，请先生驱使，不必为我担心。”严遂想为他物色车马随从，聂政说：“相国既是至贵之人，出入定会有许多武士跟随，因此只能智取，不能硬拼。我只带上一把锋利匕首，到时相机行事就行了。现在，我就与先生永别了。”严遂掉泪，一直相送百里。

聂政来到韩国，在都城阳翟郊外休息了三天。第四天早晨入城，正赶上侠累下朝归来。聂政一路尾随，却始终未能得到下手的机会。侠累回到相国府，左右纷纷拿着信简文牍上前禀告。聂政远远看见，便乘着人多混乱、武士懈怠之机，口称：“有要事禀告相国。”从门外直冲进去，武士想出手将他拦住，却被聂政打倒。聂政快步上前，抽出匕首来刺侠累。侠累惊起，未及躲避，就被聂政刺中心脏死去。府中顿时乱成一团，武士高叫“有刺客”，关上大门来捉聂政，聂政手挥匕首刺死数人。他料到自己难以脱身，为防被人认出，急忙用匕首将脸部削烂，又将两眼挖出，然后用匕首刺断自己喉管死去。

早有人将此事报知韩烈侯，韩烈侯问：“刺客是什么人?”众人都不认识。韩烈侯知道背后肯定有人唆使，便下令将聂政尸体抛在街市之中，悬赏让人举报，想法得到刺客的姓名来历，为侠累报仇。

消息传到齐国，聂政姐姐大哭说：“这一定是我弟弟，我了解我弟弟的性格。”聂政姐姐用白布包头，来到韩国都城阳翟，在街市中找到聂政尸体，抱住放声大哭。军士将她拿获，问道：“你是死者的什么人?”聂政姐姐说：“死者是我的弟弟聂政，我是他的姐姐。他知道刺杀相国侠累是死罪，担心连累家人，所以才破面挖目、隐瞒身份。为姐不忍他无名埋没，远道赶来，愿以一死来成全我弟弟的侠名。”军士说：“死者既是你的弟弟，你也一定知道他刺杀相国侠累的原因，究竟是何人主使？你若说出，我将逐级奏明君主，饶你一死。”聂政姐姐说：“我如怕死，也就不会来了。我弟弟受人之托，不惜捐躯，刺杀相国侠累。我不说出我弟的身份，是埋没我弟的侠名；我如供出主使人姓名，岂不是埋没了我弟的大义?”说完头撞街旁石柱而死。军士逐级将此事报告韩烈侯，韩烈侯叹息不已，命人将他们姐弟收葬。

聂政与其姐侠义事迹，传回老家魏国，魏人引以骄傲，筑祠纪念。聂政之所以为严遂效力，其姐之所以愿以一死来成全弟弟的侠名，都是因为情义驱使，而这情义是一步步积蓄而成的。严遂蓄意结交聂政，当情义达到了一定程度，聂政就不会在乎个人的性命了。

鲤鱼之所以能够跳过龙门，是因为鲤鱼积蓄了足够的力量，并且把这力量在顷刻之间爆发出来。人际交往中，要想迈过高槛，冲出难关，脱离低谷，也必须积聚力量，寻求帮助，广积人缘，这些做法就是蓄势。

一次药品洽谈会上，卖方对一个正在观看 AOP 这种新药品说明的买方说：“您想购买吗?”买方说：“没什么可买的。”卖方说：“是呀，别人也说过这话。”当买方正为此得意时，卖方微笑着说：“可是，他们后来都改变了看法。”“噢，为什么?”买方问。卖方回答说：“这种 AOP 药品是 36 位医学博士辛苦研究的结晶，经过 102 例临床实验，证明这种药有着神奇的疗效……”听到这些，买方顿时表现出了浓厚的兴趣，经一番询问，买方爽快地买下了一大批 AOP 药品。此事例中，其他买方改变了看法、36 位医学博士研究的结晶、102 例临床实验这三点，就是一种蓄势的运用，它为卖方说服买方起到了关键的作用。

漂亮的导游小姐莫菲，被年长她 10 岁的男士沈通喜欢上了。沈通心里明白，冒昧地提出这事，只会遭到她的拒绝。富有心计的沈通在和她交往中注意做到了三点。一是逗她开心。常常用小幽默、小笑话引得她笑声不断。二是给她惊喜。一次，莫菲到深圳出差，沈通竟然奇迹般地捧着一束香水百合出现在莫菲的面前，让莫菲激动不已。三是对她关怀。譬如，莫菲昨天晚上没睡好，沈通在今天不但会一眼看出她脸上所带的倦容，而且还认真地关照一番。如此下去，莫菲渐渐地对沈通产生了好感，后来到了一日不见如隔三秋的地步。在一个春意融融的上午，沈通郑重地向莫菲求爱，其结果就不用多说了，莫菲全然忘记了年龄相差过大这个恋爱障碍。在这个事例中，沈通对莫菲的三点做法，就是蓄势。当所蓄的势到了一定高度，自然就会消除前进路上的障碍物。

人际交往中，可能你会比别人多付出一些汗水，多做了一些贡献，多搞了一份投入；可能你对某个问题考虑得更多一些，分析得更透彻一些，解决方法更恰当一些；可能你的谈话先声夺人，咄咄逼人，以理服人……这些人际交往中的积极行动，会使你处于一种居高临下的姿态，从而在心理上、气势上压过了对方。老李是一家大型物资交易中心的谈判高手。50多岁的人了，每次与人谈判，都要比对方早到10分钟。随从的人对此感到不可理解，他们问老李："您比对方大一二十岁，为什么不让对方去等你呢?"老李微笑着说："与人约会，如果你比对方晚到几分钟，你的心里会有什么样的感觉呢?"见随从们没有回答，老李接着说："如果晚到，心里就感觉好像欠了对方什么，因此在心理上就稍占下风，谈判中该争取的事项也不好意思争取了。反过来说，如果先对方而到，心里便会有一种充实的感觉。有了这种优越意识，在谈判开始就处于优势地位，这对以后整个谈判事件的发展会有着很大的影响。"随从们听到这些，立刻向老李竖起了大拇指。老李的约会早到做法，便是一种蓄势。因为早到，就增加了自己的一点气势，挫掉了对方的一些锐气，从而使谈判朝着有利自己的方向发展。

心理学家泰勒发现，一个人在自己熟悉的环境里比在别人熟悉的环境里更有影响力。在交际活动中，选择熟悉环境是一种蓄势方法。如果想提高自身的影响力，就应该把交际场合尽量安排在自己熟悉的环境里，从而能够借助熟悉环境来为自己增添力量。美国的ANM公司与日本的山田株式会社计划进行一笔大宗买卖。他们开始争论的焦点不是质量，也不是价格，而是谈判地点。ANM公司想把谈判地点定在美国的某个城市，而山田株式会社则打算把谈判地点安排在日本的某个风景区，他们最后争论的结果是，谈判地点不在美国，也不在日本，而是选择了日内瓦这个地方。ANM 公司与山田株式会社都明白，谈判地点定在自己的国家里，就会使谈判朝着有利于自己的方向发展，反之，则使谈判朝着不利于自己的方向发展。如果不能够在熟悉环境里讨论事情，也要尽量争取在中性环境中进行，因为这样做对方也就没有了这种优势。

蓄势的相反做法，便是减势。一般地说，蓄势是有益的，减势是有害的。人际交往中，人们既要蓄势，还要避免减势。

蓄势的目的，是为了增加自身的冲击力，提高自己的说服力，扩大自我的影响力。交际蓄势，好比水库水位升高使水的势能增大，好比车辆加速使车的动能增加，好比电压提升使电的电能增高，正是因为这些能量的增长，才能够使它们完成各自的使命。

第33节

20世纪的三大教训

——冲一冲凉水澡

1907年，美国桥梁公司建设某大桥。设计者库帕认为是“最佳、最省的”，还飘飘欲仙、忘乎所以地把大桥的长度由原来的500米加长到600米，以争取成为世界第一桥。桥的建设速度很快，施工组织也很完善。正当人们开始考虑如何为大桥剪彩时，忽然听到一声震耳欲聋的巨响——大桥塌了，19000吨钢材和86名建桥工人落入水中，只有11人生还。事后调查原因，是由于库帕沉溺于自我陶醉，忽略了对桥梁重量的精确计算，从而导致了一场悲剧。

泰坦尼克号是当时海上最大、最豪华的巨轮。它有11层楼高和3个足球场大。船底有双层底，分成16个水密舱，被认为是“永不会沉没之船”。1912年4月14日午夜，该船以41公里的时速行驶在纽芬兰大浅滩南150公里处。由于船长忽视了正在靠近的危险而使船速加快，从而使船与46000吨重的巨大浮冰相撞，导致5个水密舱破裂以致全船沉没，1513人丧生。

横亘于意大利维昂特河上的混凝土拱坝，位于两座陡峭的山坡之间，高约261米，顶长约191米。大坝建成后，专家全面检测认为，它的质量无可挑剔，可保水库“永世无恙”。可是在1963年10月9日，一股水流自维昂特大坝上方直泻而下，在仅仅几秒钟内就淹没了山谷内的5个村庄，导致4000人丧生。大坝垮了吗？没有，它坚固得很！那是什么原因？原来连续4周的降雨，造成了水库边上的山坡发生泥石流，将等量的水从库中排出。大坝的设计与管理者在“永世无恙”的自豪中，完全没有想到还有这一危险。

魁北克大桥的坍塌、泰坦尼克号的沉没、维昂特大坝的想不到，是20世纪人类三大惨痛教训。找找它们的共性原因，就会发现祸害都是由于设计或管理者的过分自信酿成的。这三项工程都有它们的非凡之处，而这非凡之处引发了设计与管理者的牛气冲天，牛气冲天则导致了对危险的忽视，对危险的忽视则直接导致悲剧的发生。这三大惨痛教训，无疑给过分自信者敲响了警钟。

自信是需要的，但需要的不是过分自信。物极必反，过分自信，必然让拥有者飘飘然、昏昏然，继而撞得头破血流，这好比盲人骑瞎马，夜半临深渊，随时都可能万劫不复。世界上药铺多，可惜没有卖后悔药的，过分自信的人应该经常冲一冲凉水澡，让自己打个冷战，使“过分自信”降一降温，从而拥有一个冷静的头脑和清醒的行动。

第 34 节

解释“解释”

——自圆其说心理

翔子是赵国的长者，因上知天文历法，下知地理人脉，而受到人们的崇敬。四月初四，是翔子的生日，赵王特地前来拜访。这时，翔子正在床上休息，他躺着对赵王说：“大王！我现在已年老体衰，虽然你专程来看我，但我实在无力下床迎接你，请别见怪。”

赵王非但不见怪，反而对翔子更加尊重。第二天，赵王派遣一位将军送礼给他，翔子一听马上下床到客堂相迎。后来，赵王府的一个仆人知道了这件事，为了讨好赵王，他怒气冲冲地来找翔子问罪。翔子听说了，就远远地走出前门，迎接这个赵王府的仆人。

这个仆人一见翔子就气冲冲地问道：“前天赵王来时，你为什么不下床相迎？而赵王部下的一个将军来了，你反而到客堂迎接呢?”翔子笑了笑，解释道：“你有所不知，我的待客之道有上中下三等分别。第一等人来时，我在床上用本来面目接待他；第二等人来时，我下床到客堂里用礼貌接待他；第三等人来时，我用世俗的应酬到前门去迎接他。”这个仆人听后非常羞愧。

第二年四月初四，赵王又来给翔子祝寿。翔子早早地来到路口迎候。赵王看他这样殷勤，非常高兴，第二天又派那位将军送礼给他，翔子照旧在客堂迎接。这件事，还是被那位仆人知道了。他洋洋得意地前来问罪。因为厌恶这个仆人，这次，翔子躺在床上根本不理会这个仆人。

仆人受到冷遇，更加恼火，他是聪明人，没有直接质问，而是先铺了一个埋伏：“赵王、将军和我来见你，因为身份有差异，你就用了三种迎客方式，是这样的吗?”翔子爽快地应道：“是的。我的待客之道有上中下三等分别。第一等人来时，我用百分之百的尊敬和虔诚迎接；第二等人来时，我用百分之五十的热情和礼仪待客；第三等人来时，我用百分之十的人之常情来打发，能够说上几句话就不错了。”

仆人见翔子中了埋伏，哈哈大笑道：“翔子，你可知罪？一年前的这个时候，你也用一、二、三等人来解释你的迎客之道。如果去年你的解释是对的，那么今年你把赵王当作三等人来看待；如果今年你的解释是正确的，那么去年你把赵王也是当作三等人。作为一个国民，你不敬君王，可是第一大罪!”

翔子虽然因为记忆模糊而使两个解释前后矛盾，但他毕竟是非常聪明的人。翔子又解释道：“你只知其一，不知其二，我的待客之道有上中下三等分别。第一等人先冷后热，第二等人始终如一，第三等人先热后冷。你看看，我什么时候把赵王当三等人了?”这个仆人无言回答，再次受辱。

其实，翔子虽是一位长者，但更是一位国民，国王来临，哪敢不用心接待?翔子躺在床上与赵王说话，实是身体欠安；翔子老远在路口迎接，实是世俗心理；两种解释前后矛盾，实是因为翔子疏忽；面对仆人指责，翔子的第三次关于一、二、三等人的解释，实是一种随机应变。

从翔子的三种回答，可以看出：解释，就是人们趋利避害、自圆其说的理由。我们不要完全相信解释，因为同一件事情可以有不同角度甚至完全相反的无数种解释。其实，也不用去听解释，事实是检验真理的最好解释。

第 35 节

思维定式能杀人

——心理上的怪东西

老焉 45 岁，有个特点，就是总喜欢把问题搞个一清二楚。这个特点，救了他一命。

话说某一天，老焉在看书的时候，无意识地挠了挠后脑勺。忽然，他发现有那么一块地方，在挠头时，会发出哐、哐的声响，就和手指敲在空木盒上的声音差不多。于是，他马上去找大夫。

“你说你脑袋里有个洞?”大夫取乐似的说，“不可能有什么空洞，如果有，就是你头皮上某根神经在弹奏曲子!”

老焉回家了。在家里，他挠那块地方，还是发出哐、哐的声响。细细琢磨一番，老焉觉得不对劲，因为这种情况在以前没出现过。第二天，他又到了第二家医院找了第二个大夫。

第二个大夫摸了摸老焉的后脑勺，笑着说：“如果你脑袋上长个洞，那才怪呢！我给你讲个道理，如果身体有个空洞，体液就会马上渗进去！别说脑袋上长不出个洞，身体任何部位也长不出洞。之所以你会听到这种声响，或许你患了一种特殊的神经官能症，产生臆想所致。”

关于体液与空洞的关系，大夫言之有理，老焉不能不信。但大夫关于这声响的解释，老焉却不敢苟同。因为老焉性格上虽然谨小慎微，但为人随和，性格开朗，每天起得早，每晚睡得香，绝不会在神经方面出问题。

过了一个月，老焉到省城出差。正好有个空当，老焉就到了省立医院。接待他的老大夫对他说这完全正常，只要不去刻意想这事，几天后自然会症状消除。老焉可以不相信他所在市的大夫，但不能不相信省城的权威。于是，老焉放心地走了。

从省城回来，老焉习惯性地又敲了敲，哐、哐，响声依旧。老焉努力不去想，过了十天，再敲，还是哐、哐。这晚，从来不失眠的老焉睡不着了。他一夜辗转反侧。到了第二天早晨，他突然想起在京城有个同学是心脑血管名医。找了个合适时间，老焉直奔京城看病去了。

老焉的同学见到他，斩钉截铁地说道："一切正常，什么毛病也没有。你要是不信我的话，就去做个 X 光检查，让你看看我说的对不对。"

对呀，是应该做个 X 光检查！老焉突然想起 X 光是能够检测有无空洞的。从发现哐、哐的声音到现在已经几个月了，医生没让他去做 X 光检查，自己更没想到。

X 光检查结果很快出来了。老焉患了肿瘤，里面有一个眼球大小的空洞。

手术以后，一位大夫站在他床边，踌躇片刻后说："你是明智的。要知道肿瘤发现晚了，再好的药也不能挽回生命。这种肿瘤是少见的，以致医生们在思维定式的作用下，拘泥于陈规、服从于常识、束缚于习惯，都不相信脑袋上会长出空洞。"

另一位大夫说："其实，每个人的思维都有一个心理定式，就如同每个人身上都有难以避免的惰性一样。一个人一旦进入思维死角，智力就会在常识之下。我们这些了解心理常识的人反而不如你。"

还有一位大夫说："思维定式能杀人。要不是你坚持下去，或许你活不过今年。我们这些做医生的，应该检讨自己身上那些世俗的东西。天长日久，耳濡目染，那些世俗的玩意儿渐渐形成一层密不透风的'茧'，紧紧束缚着我们的思维。在今后，我们应该学会冲出自己的思维定式。"

据报道，福州市马尾镇一幢居民楼，共有 5 个单元 36 户居民，这 36 户居民家的防盗门钥匙可以互用，一把钥匙可以打开整幢居民楼所有的大门。要知道，这可不是有意的，而是防盗门锁存有严重问题。防盗门安上快两年了，要不是一件令人啼笑皆非的事情发生，这幢楼的人们还会蒙在鼓里。

一天，三楼的李女士正在睡觉，迷迷糊糊中觉得自家防盗门好像被人打开了，她连忙推醒丈夫，丈夫说李女士是在做梦，自家的防盗门怎么可能轻易被别人打开呢？夫妻俩就又睡着了。第二天清晨，二楼的林先生告诉李女士一个非常奇怪的消息：昨天夜里，他喝醉酒后回家，拿出钥匙把防盗门打开，走进去却发现家里的摆设不一样了，跑出门一看才发现多上了一层楼。为了不影响李女士夫妻俩休息，他又悄悄关上门下楼回家，可是回去越想越奇怪，所以一大早就来找李女士了解情况。

两人拿出钥匙进行验证，林先生用自己的钥匙的确可以打开李女士家的防盗门，而李女士也可以用自家的钥匙打开林先生家的防盗门。这消息一传开，所有的住户都拿出钥匙进行查看，结果发现绝大部分防盗门都可以被其他住户打开。

要不是走错门的事情发生，大家还都不知道防盗门锁存有问题。“一把钥匙开一把锁”的思维定式糊弄了人们，使人们忘记了对门锁质量的检查。在这里，防盗门没被锁住，人们的大脑被锁住了。幸好这幢楼没有发生被盗事件，要是因为劣质锁的原因丢失财物，人们要不拍着大腿叫苦不迭才怪呢！

世界上许多坏事情之所以得以发生，就是因为人们的警惕心被锁住了。世界上许多奇迹发生，就是因为人们砸碎了传统势力之锁的束缚。

跳蚤是当之无愧的“跳高冠军”，一只米粒大小的成年跳蚤可以跳到2米的高度。有一次，科学家做了一个有趣的实验，他们把一只成年的跳蚤放到一个高度仅仅为0.5米的玻璃容器中，然后在容器上面盖上玻璃。接下来的几天，跳蚤总是不断地向上跳跃，但是每次都会碰到坚硬的玻璃，于是，它渐渐放弃了跳跃的举动。再过了几天，科学家抽掉了盖在瓶口的玻璃，但是，那只曾经可以跳2米的跳蚤再也没有能够冲出0.5米。这时候，不是玻璃阻碍了它，是思维定式阻碍了它。

思维定式是个奇怪东西，受它约束的不止是跳蚤，主宰万物的人类也常常被它糊弄。

第36节

深爱的弊端

——心理的限度

战国时期，秦昭襄王亲率20万兵马，命王翦为将军，前去讨伐赵国。秦军势不可当，一连攻克了赵国的三座城池。

这时，赵惠文王去世，世子赵丹继位为王，这就是赵孝成王。赵孝成王尊母亲少妫为太后。少妫，就是齐襄王之妹。此时，赵孝成王年纪还小，军政大事都由太后少妫处置。太后少妫命将军廉颇率军前去抵抗。两军相持不下，战斗异常激烈。

赵国紧急向齐国求救。齐襄王虽是太后少妫之兄，但国事大于家事，齐襄王说："必须用长安君作为人质，才能出兵。"这长安君，名赵田，是太后少妫幼子。太后少妫特别溺爱他，当然不同意这事。赵国众臣极力劝谏，太后少妫还是不同意。她明确告诉众人："有谁再来劝说老身让长安君做人质，老身一定朝他的脸上吐唾沫。"赵国左师触龙知道此事关系重大，便冒险来劝太后少妫。这左师，就是顾问，是赵国给老臣的一种官名。

触龙进了内宫，慢步走向太后少妫，到了跟前请罪道："老臣脚有病，已经丧失了快跑的能力，好久没能来谒见了。"太后少妫说："唉，老身的腿脚也不好，出门全靠坐车。"触龙说："每天的饮食该不会减少吧？"太后少妫说："就靠喝点粥了。"触龙说："老臣现在胃口很不好，自己坚持着步行，每天走三四里路，稍微增进一点食欲，对身体也能有所调剂。”太后少妫说：“老身可做不到。”聊了几句家常后，触龙接着说：“老臣的幼子舒祺，年纪最小，不成材。臣老了，偏偏爱怜他。希望能派他到王宫，担任个卫兵，所以冒着死罪来请示太后您。”太后少妫说：“这没问题。您幼子多大了？”触龙答道：“15 岁了。虽然还小，但希望在老臣没死时拜托给太后。”太后少妫说：“做父亲的也爱怜小儿子吗？”触龙答道：“比做母亲的更爱。”太后少妫笑道：“妇道人家特别喜爱小儿子。”触龙答道：“每个人不光爱小儿子，还爱自己所有儿女，这是人之常情。”太后少妫笑着说：“是这样。”触龙说：“从现在往上数三世，到赵氏建立赵国的时候，赵国君主子孙凡被封爵的，他们的后代还有继承爵位的吗？”太后少妫想了想说：“没有。”触龙说：“不只是赵国，其他诸侯的子孙有吗？”太后少妫说：“我没听说过。”触龙说：“几乎没有。难道说君王子孙就一定不好吗？不是。地位高人一等却没什么功绩，俸禄特别优厚却未有操劳，就难免有灾祸。现在太后给长安君以高位，把肥沃土地封给他，又赐予他大量珍宝，却不想到让他对国家做出功绩。如果太后百年了，长安君凭什么在赵国安身立足呢？”太后少妫恍然大悟，叹了口气，说道：“老身明白了，任凭你派遣他吧。”赵国便为长安君赵田准备车马十乘，送他到齐国去为人质，齐国于是出兵相救。

齐襄王派田单为将军，发兵 10 万，前来解救赵国。秦国将军王翦对秦昭襄王奏道：“赵人善战，且有廉颇的英勇，恐怕不太容易攻克。现在齐国救兵马上就到，臣看我们还是把全部兵马撤回去吧。”秦昭襄王叹息道：“只好如此了。”

在这段历史中，触龙与太后少妫的谈话说出了一个问题，就是深爱是有弊端的。

深爱也有弊端？是的，就像“日中则昃，月盈则亏”一样。

汤姆·克鲁斯与妮可·基德曼是好莱坞夫妻经典爱情的创造者。当年，汤姆为了证明自己会永远深爱性感娇艳的妮可，曾经请人在自己的臀部文身，写上“TAN”（即 TOM AND NICOLO 的简写）三个英文字母，令妮可感动不已。此爱此情，可谓至深。可短短的几年过去，两人的婚姻走向破裂。有关媒体报道说，破裂的原因之一是相爱太深的负面作用。后来汤姆决定花钱磨皮，把这个爱的“印记”消除。这种特别的“疼痛”，着实让世界热闹了一番，也着实让人们为之感叹。

深爱是有弊端的。

大郅对他的妻子青溪“管理极严”。这种“管理”绝对是出于一种对妻子的深爱。年轻漂亮的青溪是机关职员，下班后参与工作性质的应酬是经常的。每当青溪坐到酒席上时，就会接到大郅打给她的电话。电话内容也就是问问是谁和她在一起，有没有女同伴；不到一个小时，大郅又会打第二遍电话，催她快点“归巢”，生怕她在外面有些过分的举动。久而久之，青溪的同事都笑称她带的是一部“寻妇”手机，弄得她很尴尬。回到家，青溪就冲大郅发火：“整天打电话，你烦不烦啊?”一听这话，大郅的委屈立刻如潮水般涌上来。可委屈归委屈，他对妻子的关心热度还是一点不减的，照旧频频保持着与青溪的类似监视的联系。

照理说，他们关系应该是非常美满的。可有一天，青溪提出要离婚。原因是大郅的这份深爱。在这种压抑的氛围下，青溪从不自在而到内心厌恶，久而久之，与大郅的感情便日渐疏远。心烦意乱的青溪，于是提出与大郅分手。

在朋友、家人的劝说下，青溪将离婚之事暂时搁置。

青溪有自己的天空，为什么不给她一定的自由呢？在朋友、家人的劝说下，大郅也从此改变了很多，不再追根究底地查她的去向。

慢慢地，青溪对大郅的态度也有了明显改善。

对于大郅、青溪的这种变故，我们可以用多种实物来比喻。

一种是挤压弹簧片。轻微挤压，弹簧片或许能够容忍，但是扭曲极限一过，它就会断成两半！大郅由深爱带来的关注对青溪来说也有接受限度，超过限度就会引起变故。

一种是用手捧沙子。手握得越紧，沙子从指缝里漏得越多、越快。大郅这种深爱，使得青溪也像沙子那样想着逃脱。

一种是人在房屋中。如果有明亮的窗户，屋子里的人会看到光明与外在世界的美丽，会感受到幸福和活着的乐趣；如果在窗玻璃上抹一层黑漆，则会让屋子里的人感到不安，有种囚牢的感觉。大郅的密切“监视”，使青溪也有了囚犯的感觉，她怎么能不想着冲破它呢？

应该说，深爱不是错误的，但多数深爱有弊端。只有去掉了弊端，让婚姻与友情维持舒服状态，这种深爱，才会让人们称赞。

第 37 节

学尧舜禹

——英雄雕像的影响

塞尔维亚是一个国土不大、人口不多的国家，如果你来到这里，最大的观感就是在这个国家的大街小巷里，到处竖立着一尊尊英雄雕像。这些英雄雕像中，既有历史上著名的塞尔维亚首领拉扎尔王，也有并不怎么知名的但却精神可嘉的普通反法西斯战士。不论是名垂青史的一代英豪，还是事迹虽小但却值得称道的小小英雄，他们都有一个共同特点，那就是：不畏强敌，顽强抵抗。

塞尔维亚崇拜英雄可以上推到 1389 年。当时，奥斯曼帝国的铁蹄踏上欧洲，塞尔维亚在国力极为薄弱的情况下仍出兵抵抗，历史证明这无疑是集体自杀行为。科索沃一战，塞尔维亚军队及其首领拉扎尔王全部牺牲，拉扎尔王带着子民去了“天上的塞尔维亚”。虽然结局悲壮，但这种大无畏的精神却深深影响着塞尔维亚后人。宁可英勇牺牲，也不苟且偷生，成为塞尔维亚人的人生观。

这种人生观的一种外在表现，就是在塞尔维亚各个城市的大街小巷里，竖立着一尊尊英雄雕像；这些英雄雕像反过来又在不断加深和巩固着塞尔维亚人的英雄人生观。虽然时代背景在不断变换，但在塞尔维亚历史舞台上却是一次次重复上演着这种英雄篇章：顽强抗敌，不惧牺牲。

据说在 1999 年 5 月的一天，北约空袭警报突然响彻塞尔维亚贝尔格莱德城市上空，一位教师环视着正在上课的学生说：“如果厄运降临，那么我们现在只有两个选择：一是像老鼠那样到处躲避；二是被炸死在这间教室里。”教师话音刚刚落下，一名学生便开口说道：“老师，我们宁可死在这充满阳光的教室里，也不去苟且偷生，请继续上课吧。”

与塞尔维亚人相处多了，你会不时为他们这种在刹那间迸发的大无畏精神感到震撼。塞尔维亚人的英雄精神是一种潜藏在意识深处的本能。这种本能的产生和存在，不能不考虑那一处处英雄雕像的影响。

以人为镜，择善而从；他山之石，可以攻玉。如果想让我们后代多出世世代代被人称颂的英雄，那么我们就应该多立文天祥、郑成功、林则徐等民族英雄的雕像。把话说得深远一些，如果想让我们后代多出德高望重的圣人，则多立尧、舜、禹等雕像；如果想让我们后代多出闪亮耀眼的思想家，则多立孔子、老子、庄子等雕像；如果想让我们后代多出功绩卓著的科学家，则多立蔡伦、张衡、鲁班等雕像；如果想让我们后代多出为人乐道的文学家，则多立苏轼、韩愈、李白等雕像。

不提倡立楚国春申君黄歇、齐国孟尝君田文、赵国平原君赵胜、魏国信陵君魏无忌等战国四君子之类人物的雕像，因为他们虽有历史功绩，但处世作风却存有争议，这容易让世人学着他们“拉帮结派”，学着他们“生活糜烂”；也不提倡立宋江、武松、李逵、时迁等文学名著人物的雕像，他们虽有被百姓赞扬的一面，也有“目无国法”“打家劫舍”的一面，这容易误导世人；当然，更不提倡立妲己、褒姒、杨玉环、潘金莲等人物的雕像，原因就不在此赘述了，因为大家心里都清楚得很。

第38节

奇树下的对话

——不要在自卑中萎缩

某座城市里，有一棵著名的柳树。它有500余年的历史了，树干一个成年人搂都搂不过来，最让人惊奇的是它的形状宛如一条龙。龙在中国是神圣的，所以每天都有很多很多的人来参观这棵奇树，许多人对它可以说是顶礼膜拜。

有一天，五位名人，阿惠、阿蔡、阿来、阿蓝、阿文，来到这棵奇树下。导游向他们讲解道：这棵树之所以现在形似一条龙，成为一大奇观，据考证，是因为在它10岁的时候，受到一次人为的摧残，折而未断的它变得有点弯曲；是因为在它60岁的时候，遭到了一群虫蚁的攻击，成为了半身不遂，为以后的畸形生长孕育了“龙身”；是因为在它200岁的时候，遭受一次雷击，树干底端严重受伤，“龙头”也因而产生。大难不死的它又经历了300余年的风吹雨淋，因此便成了现在的栩栩如生的“龙”。

导游说毕，周围发出了一片感叹之声。人们在惊叹大自然的神奇造化，人们在同情柳树的坎坷曲折的命运。

在这种气氛下，阿惠说：听到这棵柳树的传奇经历，目睹这棵柳树的奇异貌相，我想起了我自己。我相貌不俊，小时候更是丑陋，街上行人见了我都要掉头。并且，我出身贫贱，不瞒各位，我是私生子。在我的成长过程中，遭遇最多的便是鄙视、挫折和失败。但我没被击倒，我认为我能出人头地，我拼命地靠教育来补偿自己的不足。我在烛光、灯光和火光前读书，读得眼睛越来越近视。我眼看知识无涯，而自己所知有限，总是感觉沮丧。我越是沮丧，我越拼命学习。由于我痛下苦功，渴望把我的闪光思想与崇高人格里的优点奉献出来，使自己凌驾于一切短处之上，置身于更高的境界，所以现在我成为了一名大学校长，并且还是全国某一学术领域的带头人。

人们听得很认真，这时阿蔡接着说道：我也说说我自己。我从学校一毕业，就离开了故乡，到南方一家造纸厂上班。从一开始就经常受到领导和同事们的夸奖。可是好景不长，由于造纸厂污染严重，厂里又无资金建设污水处理设施，不到一年就被环保部门责令停产整顿，因此我无可奈何地下岗了，这是我第一次遭受工作大挫折。对于热爱这份事业的我来说，这是一次很大的打击。在以后的三年时间里，兢兢业业、一心扑在工作上的我又因种种原因，接连遭到了第二次、第三次、第四次下岗。这时，女友也离我而去。经历了事业、爱情的双重创伤，我陷入了极度的恐慌和无限的惆怅之中，但我最终还是勇敢地走出了沼泽地，重新振作起来。现在来看，那些挫折、不快是我的福分，因为它们给了我宝贵的经验，教我勇敢地面对生活，增添了我承受重压的信心和决心。后来，我自己办起家庭作坊企业，一举成功，目前我的企业已经拥有 2.3 亿元的资产。

在旁边一直默默无语的阿来发话了，他说：我是在贫穷家庭中长大。我 15 岁时，是个体重仅有 40 千克的小矮子，面色苍白，胆小如鼠，常常受人欺负。有一天，我在镇上一户人家电视里，第一次看到了奥运比赛的举重场面。我惊呆了。当天晚上，我便开始锻炼身体，没有什么好的运动器材，也就用石磨、木棍之类的玩意。我要使自己和运动健儿一样有力。我持之以恒，从不中辍。别人笑我不自量力，我也没停。我开始发明一套健身术，使自己身上的一块肌肉和另一块肌肉对抗。没过多久，我浑身的肌肉开始发达起来。在我 25 岁的时候，我做出一件不平凡的事，就是在铁轨上，将 75 吨重的钢车推得蠕蠕而动，这打破了吉尼斯世界纪录。

看到他们在说，阿蓝也忍不住说起了自己。他说：小时候，我有天早上醒来，突然发现我弟弟死在床上，就在我的身旁。这一惊吓，使我下了终生守之不渝的决心，做个医生，和死神搏斗。我在行医之初，偶然发现一个怪现象。我发现一具死尸的心脏大得异乎寻常，同时发现一个心瓣堵住，血液不能充足流到肺里去。我认为那心脏是为了应付这种缺陷而变大的。我之所以在医学上拼搏奋斗，成为一名医学名家，也是小时候立下的志向。

人们佩服阿蓝的见解。最后，阿文说起了自己。他说：我的视觉从小就有机能性的缺陷，16 岁时左眼视力只有 0.1。目力欠佳的我特别努力，我要使自己比别人看得更清楚，更敏锐。我不断训练自己的观察能力，培养用眼睛看万事万物的乐趣，结果呢，我对视觉世界的兴趣比普通人要大得多。这个浓厚的兴趣造就了我的画家身份。视力既然不好，可又从事必须用眼的工作。有的人不相信，可这是现实。是什么使我成为一名美术大师？难道不是一种看不见的“补偿缺陷规律”在驱使吗？可能是，我是这么想的。

阿文说完此话，大家有了短时沉默。他们都在进行思索。他们每个人觉得自己像奇树，也觉得奇树像自己。他们和奇树都有缺陷、挫折、坎坷，都有顽强精神，都有辉煌现在。难道这三者有联系，有一种割不断的深层联系？

他们边想边议论，在互相的同情与鼓励下，五位名人总结出一条结论：当人生的一条路被阻时，不甘堕落的人便有了开通这条路或另一条路的强烈愿望。在这种强烈愿望的驱动下，不屈服的人会把这条路或另一条路踩得更宽，踏得更平。

屡受打击的柳树长成“一条龙”，小时候孱弱的人成为有名的大力士。这些，并不是上天在造化，在补偿，而是树的生存欲望和人的意志在发挥作用。因为有弱点，从而拼命奋斗，结果培养出超群的能力，这仿佛成了强者社会的定律。

如果你有先天不足，有后世坎坷，这都不要紧，只要有毅力就行。记住，不要让自己在自卑中萎缩，因为让你自卑的“洼地”可能会建成“高楼”，让你难堪的“栏杆”越高，你会跳得越高。

第39节

最危险的态度

——不要轻视任何人

春秋时期，当楚国讨伐绞国时，楚国东南方的罗国打算偷袭楚国。罗国派遣校尉伯嘉去侦探，摸清了楚军人数，发现楚军主力没有全部出动，罗国不敢轻举妄动。到了第二年，罗国又派出伯嘉，但此次被楚国抓住，楚人这才获知这个惊人秘密。

楚武王震怒，决定惩罚胆大妄为的罗国，率领楚军的是身经百战的莫敖屈瑕。令尹斗伯比为他壮行，屈瑕对斗伯比说："罗乃小国，不值一提，请令尹放心。"屈瑕走起路来，脚抬得很高，一副高傲无敌的样子。斗伯比心里道："屈瑕一定失败，因为他的心神不稳定了。我不能当面对屈瑕说，说了会影响我军士气。"于是斗伯比觐见楚武王，上前奏道："请大王一定增派兵马，支援屈瑕！"楚武王笑了笑，向斗伯比说道："屈瑕久经沙场，连连获胜，一个小小罗国不在他的话下。"楚武王拒绝了斗伯比建议。

楚武王回后宫告诉夫人邓曼。邓曼是邓国人，虽为女性，但却料事如神，有胆有识，深得楚武王敬重。楚武王大事小事、有事无事都要和夫人邓曼说。邓曼听后，向楚武王奏道："令尹斗伯比有勇有谋，既然他说出此话，一定有他的道理。妾估计斗伯比的意思不在兵多兵少，而是要大王以诚信来镇抚百姓、以德义来训诫众臣。小小罗国胆敢偷袭楚国，一定有罗人的过人之处，但莫敖屈瑕战功颇多，难免自以为是、轻视罗国。大王如果不加控制，必会招来灾祸！”邓曼一席话，说得楚武王茅塞顿开。楚武王急忙派人追赶屈瑕，要他小心谨慎，但却没有追上。

一路行军，屈瑕很少管制军士，兵马有些涣散。部下提醒屈瑕，屈瑕哈哈大笑道：“小小罗国何足挂齿！”再有人提醒，屈瑕便有点生气，下令道：“再有人来劝，一定要惩罚他！”到达鄢水，楚军由于渡河而秩序大乱。河对岸便是罗国，楚军全然不设防。令屈瑕想不到的是，罗国已经联络友邻泸国。两国从两面夹攻楚军，把楚军打得大败。此战之败，全在于屈瑕心不在焉、玩忽职守。屈瑕觉得上不能面对父王、下无法面对楚国军民，心里异常悲痛。楚人有股倔劲，责任意识强，无法解脱的屈瑕恍恍惚惚走进一片树林，自缢身亡。其他征伐将领，则自囚之，听候楚武王处罚。

楚武王闻此消息，不禁大惊，悲痛地说道：“楚军此败，罪过是寡人。可怜屈瑕，以死报国。”楚武王派人赦免了自囚将领，将士们皆感激楚武王以及屈瑕之气度。

楚军的这次失败，归罪于屈瑕的态度。

态度就是人们对外在事物的感受、评价和倾向。

因为一种不正确的态度而导致“蚂蚁绊倒大象”的事情，在历史上屡见不鲜，但最令人哀叹的是印加帝国的灭亡以及皇帝阿塔瓦尔帕的被杀。

16 世纪，印加帝国的领土北起哥伦比亚，南至阿根廷，蜿蜒 4000 多公里，面积达 240 多万平方公里，人口有 1100 多万。这个国家在当时并非愚钝不开，而是拥有很高的文化。他们在陡峭的山坡上砌起石墙，建造梯田，国民可以得到足够的土地耕种。60 岁以上的人不劳动可以得到国家照顾，并设有养老院、医院、寡妇之家等服务机构。他们还开采出大量黄金，在建造神庙和宫殿时，都使用黄金做镶饰。

这“黄金遍地”的传说，被西班牙人皮萨罗听到。为了获取暴利，他组织了一支 170 人的军队，装备 13 支火枪、20 匹马，分乘两艘帆船驶向了印加帝国。当时印加军队如何呢？人数至少 6 万，并且都是剽悍的青壮年。在强大的印加军队前，皮萨罗之流充其量是打家劫舍的海盗。可这100多人的军队竟征服了一个庞大的帝国，这是为什么呢？

这罪魁祸首就是印加帝国皇帝阿塔瓦尔帕对皮萨罗之流的轻视态度。这种态度，实在是最危险的态度。

从皮萨罗登上印加帝国海岸那刻起，他们的行踪就被陆续报告给阿塔瓦尔帕。但阿塔瓦尔帕根本没把这一小撮西班牙的入侵者放在眼里。他想见识一下白人到底“神秘”在何处，他还想挑几个不错的白人做自己的奴仆。为此，阿塔瓦尔帕命令所有要塞都撤掉防兵，让皮萨罗之流一路开进。

提心吊胆的皮萨罗等人异常顺利地前进。他们没有遇到任何抵抗就占领了卡哈马卡城。他们深信印加帝国君主并不想阻拦他们，因为要做到这一点易如反掌，有好几处险要堡垒，只需几个勇士把守，就可阻挡住千军万马。

感到特别幸运的皮萨罗胆量越来越大，他想绑架阿塔瓦尔帕，从而一口吃天。于是，阴险的皮萨罗向阿塔瓦尔帕发出了“友好见面会谈”的邀请。

阿塔瓦尔帕再次犯了致命错误——轻视。他接受了邀请，率领5万军队长途跋涉，前往卡哈马卡城。他率领大军出访的意图不是防范入侵来敌，而是炫耀皇家威权。阿塔瓦尔帕在与皮萨罗会见前，把大量部队留在城外，只带5000卫兵，并且不带任何武器，以完全信赖、诚意十足的态度进行访问。

令阿塔瓦尔帕万万没有想到的是，在卡哈马卡城内，只有170人的军队竟敢发动突然袭击，5000名赤手空拳的卫兵几乎全部被杀，阿塔瓦尔帕也被扣起来做人质。

在被扣押期间，阿塔瓦尔帕又一次犯了轻视的错误。他认为皮萨罗之流只是想发点小财。他决定利用他们的这种贪欲来赎取自由。阿塔瓦尔帕对皮萨罗说，如能获释，他就将他所在的这间宽敞房屋的地板全部铺上黄金。在场的人听后，无不哈哈大笑，表示怀疑。阿塔瓦尔帕见没人搭理，又强调说，不仅用黄金铺地，而且要把黄金在整个房间内堆到我的手能够接触到的地方。他边说边踮着脚伸手在墙上比画。大家双眼圆瞪，惊奇万分，都认为这些话是阿塔瓦尔帕急切想恢复自由而夸下的海口。

虽然有些不知所措，但宁可信其有不可信其无的皮萨罗接受了阿塔瓦尔帕的提议。阿塔瓦尔帕旋即派信使到全国收集黄金。很快那间宽5.2米、长6.7米、高2.7米的房子内就堆满了黄金。然而皮萨罗是个心毒手狠的家伙。当他得到这一大笔赎金之后，立即给阿塔瓦尔帕扣上一个谋反的罪名，当着成千上万印加帝国国民的面，将他处死了。阿塔瓦尔帕所掌握的印加军队立刻群龙无首，被迫躲进深山之中，而更多的西班牙人则来到了秘鲁。就这样，因为阿塔瓦尔帕犯下的错误，而让西班牙人征服了印加帝国，这成为历史上最令人吃惊的转折点之一。

不要轻视任何人。要知道，现代最伟大的物理学家相对论的提出者爱因斯坦小时候被老师认为是最笨的学生，有一次老师让班上每个人做一条小板凳，最后老师把他的挑出来，说是全球最丑陋的；大发明家爱迪生小时候被老师认为“没法教”而被母亲带回家去：但最后都他们扬名于世。

第40节

养蜂者说

——卖盐的老婆喝淡汤

每当我们这儿槐花盛开的时候，便有外地的养蜂人拉着数不清的蜂箱而来。这槐花琼堆玉砌、如云似雪，这蜜蜂飞来飞去、忙这忙那。闻着槐花香，听着嗡嗡声，人们感觉好像置于仙境之中。一想起槐花蜜的幽香和甘甜，我便激起了一股买蜜的欲望。恰巧有位养蜂人前来，他40多岁，脸膛黑黝黝的。这养蜂人姓辜，为人很诚恳、做事很爽快，以一个较低的价格卖给了我一桶蜜。我跟他说："老辜，你们养蜂人真好，天天过着甜蜜的生活。"哪知，老辜咧了咧嘴，傻笑着说："养蜂人奉献给社会的是甜蜜，但心里却是愁、苦、忧、痛呀。"我一时不解。看着我的疑惑表情，健谈的老辜向我娓娓道来。

老辜先说养蜂人的愁。一只蜂箱约5万只蜜蜂，如果停留在家，凭当地那么一点儿花源，一年就赚200多元，如果顺着季节变化，从南到北转一转，一般一箱可赚1000多元。这笔差距很大的账，逼着他们出外寻花逐蜜：3月去安徽采油菜蜜，4月去河南、山东采槐花蜜、泡桐蜜，5月去河北采枣花蜜、荆条蜜，9月去内蒙古采向日葵蜜。养蜂人很辛苦，也很愁。这愁就是离乡思家之愁。每年春天，老辜就和妻子拉着一车车的蜂箱奔走各地，而把孩子放在家里。过去交通不便，也没有手机，打电话还要下山到市区。没有大人照料，只得一遍遍地叮咛孩子们彼此照顾，大的煮饭给小的吃，小的要听大的话。每当天气冷热转换的时候，妻子就向老辜一阵阵叨叨：孩子是否冻着了、是否热着了，要是感冒、发烧了怎么办？这股浓浓的惆怅，老辜是深有体会的。

接着，老辜和我说起了养蜂人的苦。数月的劳作，养蜂人丰收了，但心里却发苦了，为啥？因为蜂蜜卖不出去。纯正的蜂蜜由于成本较高，往往竞争不过市面上一些掺假的蜂蜜，造成了蜂蜜滞销。其实，商场里便宜的蜂蜜多数是化学合成的。要想鉴别纯正还是合成，很容易，看一看、尝一尝就知道了。天然纯蜜含有花粉、酵素，外观较混浊，合成蜜则清澈可透光。伸手到杯子另一边，看得清楚手指的，就是合成蜜了。另外，如果是纯正蜂蜜，开水一冲，喝的味道是酸的，因为天然葡萄糖超过80摄氏度就会呈酸性。老辜说，看到那么多质优纯正的蜂蜜卖不出去，许多养蜂人打起了退堂鼓。蜂蜜丰收了，没带来了甜，却带来了苦。

我问老辜，这忧又如何讲。老辜说，忧什么？忧连阴雨，忧干裂旱，忧倒春寒，这些都会导致蜜蜂无花可采。为了不让窝工的蜜蜂饿倒，养蜂人还得给蜜蜂喂糖水，一箱蜜蜂平均每天要吃掉一斤白糖。另外，为了不影响蜜蜂的繁殖，还要每天往蜂箱里加些花粉来补充蜜蜂的营养。下雪时，还要为蜜蜂会不会被冻倒而提心吊胆。老辜说，养蜂人最忧的还不是因为天气导致蜜蜂歇工，而是对安全的担忧。养蜂业不占天、不占地，不争水、不争肥，本是无忧行业，但养蜂人近些年来越来越缺乏安全感。每到一个地方，总会有一些人来到蜂场，或索要几碗蜂蜜，或强收“占地”费、“保护”费。老辜说，有一回到一个树林放蜂，看见几个人向一位外地来此养鸭的老板索要鸭子作下酒菜，上午来一拨，下午来一拨，晚上又来一拨。半夜，这个外地养鸭老板掉着泪、含着怨，带着剩余的鸭子离开了。那些人虽然没有向老辜要蜜要钱，但在这样的环境下，忧心忡忡的老辜也不得不提前转场了。

还有痛没说，我想那痛肯定是被蜜蜂蜇了而痛。我小时经常被蜜蜂蜇，那滋味是火辣辣的钻心的痛。老辜说，收蜜被蜜蜂蜇是常事。老辜曾一天被蜇100多次，但他眉头不皱。我说：“老辜，你很坚强。”老辜说：“不是因为这。”我说：“那肯定是你被蜜蜂蜇多了，麻木了，有抵抗力了。”老辜皱着眉、眼泪汪汪地说：“被蜜蜂蜇，哪会不痛呢？我更加心疼的是蜜蜂蜇人后会阵亡，要知道，蜜蜂养活我们一家四口人啊!”我一下怔住了。网络上说，生容易、活容易、生活不容易。这生活不容易与老辜所说的痛可能都是指生计之痛吧。

天渐渐黑下来，漫天飞舞的蜜蜂井然有序地钻进一只只蜂箱。老辜顾不上和我说话，又去辛苦劳作了。老辜在蜂箱中拿出一片巢框瞄了瞄说：“今天花源质量不错，明天又要出蜂蜜了。”这让老辜一下子兴奋起来。

我和老辜挥手再见了，回家的路上，槐花还是那样香气扑鼻，我采一把塞进嘴里，顿觉回味无穷。

我们这儿有句谚语：卖盐的老婆喝淡汤。我常常质疑这句谚语的可靠性，盐那么便宜，抓几粒放进饭里就是了！听老辜一番话，我明白了这通俗谚语所包含的深刻哲理。那什么时候养蜂酿蜜者生活会甜呢？或许当浩然正气映乾坤时，就不会发生卖盐者喝淡汤、养蜂者无甜感了。

第41节

心药八种

——心病还须心药医

有些人与别人交往，不是心胸坦荡，而是自私自利；不是大度大量，而是小肚鸡肠；不是想“我该如何”，而是想“我要如何”。一句话，因为自身性格上存有缺陷，故而人际关系缺少和谐，甚至有的形同水火。俗话说：“心病还须心药医。”现为人际关系欠佳者列出“心药”八种。

一、心简

人与人之间，是需要互相理解和信任的。如果有的人心思复杂了，想得多了，原本人与人之间好好的一湾清水，也就变得浑浊起来。比如说，你在某个场合，称赞王某嘴挺严，手挺快，腿挺勤，是干工作的一把好手。旁边儿的李某可能就不高兴了，说不定还要兴师问罪：你说王某嘴严，手快，腿勤，那么谁嘴不严，手不快，腿不勤？多疑可以说是友谊之树的蛀虫、人际关系欠佳的祸首。人与人有缘在一起，共走人生路，就应该手挽手、肩并肩，就应该相互信任、相互支持。冰心老人说得好：“这世界并不复杂，只要心简单就行。”是啊，只要心简单，就没有了猜疑，就消除了误会，人与人之间的关系就会变得纯洁起来。

二、心宽

我们生活在一个复杂的社会当中，在人与人之间的关系上，难免会出现这样那样不愉快的事情。一个人遇到这类情况，往往会有以下两种表现：一种是心胸像针眼那么大，受不了半点委屈，容不得半点不快。

这种人，人际关系状况是可想而知的。还有一种表现是心胸像大海一样宽阔，对那些不涉及原则的纷争、鸡零狗碎的恩怨、飞短流长的中伤、亲朋同事的误解等，只当是一阵风吹过，一阵雨落下，吹过就吹过啦，落下就落下啦。这样的人，因为心宽，所以人际关系和谐，个人心情舒畅。假若一个人想走好人生之路，就请务必做到心要宽。心宽不是无原则，而是使自己摆脱斤斤计较的心态，从而减少摩擦，取得和谐。

三、心善

物理学中有热辐射的概念，其实人际关系也有热辐射。一个人对别人的态度，也会同热辐射一样传递给对方。当你友善地对待别人时，别人也会友善地对待你。如果想改变人际关系欠佳的状况，就请一定做到对别人心善。心善就是多做对别人有利的事，从而给别人带来温暖和快乐。墨子在《非乐篇》中对利人之行提出了一条准则，即“利人乎，即为；不利人乎，即止”。意思是说，凡是利他人之事即做，凡是有损他人利益之事，就禁止去做。善心待人，会使自己经常处于一种有意义、有价值的生活氛围之中。

四、心静

我们不是生活在桃花源般纯净的世界里，人与人之间难免磕磕碰碰，摩摩擦擦。有的人因为自尊心受挫，因为个人利益受损，因为受到待遇不公……愤怒便像升腾的火焰，令他动起拳头，抄起家伙。等到愤怒者安静下来，即又追悔莫及。因此说，学会制怒，保持心静，才能求得一个绿色的人际环境。那么如何保持心静呢？一要靠提高自身修养。如林则徐每到一处都要在书房贴上“制怒”二字。二要靠自我情绪转移。通过转移“兴奋灶”，合理宣泄，把怒火释放出来。

五、心诚

如果某个人扮演的是一个把自己装进虚假外壳的角色，那么此人的人际关系一定是差的，因为任何人都不愿和一个虚伪的人打交道。“以诚感人者，人亦以诚而应。”如果你想建立良好的人际关系，就一定要做到以诚待人。心诚是非凡的自信，是力量的象征，是做人的起点，也是做人的归宿。心诚会使亲情更加温馨，使友情更加可贵，使爱情更加牢固。心诚也会消除人们的隔膜，为人们架起理解的桥梁。一斤重的诚实，胜过一吨重的精明。一个人可以拒绝任何外界的诱惑，不可以拒绝真诚的莅临。离开心诚二字，就没有资格奢谈什么情操、教养、襟怀，自然也不会有一个良好的人际关系。

六、心细

与人交往，好比养花。如果用心不到，照顾不周，花儿就不会开出鲜艳的花朵来。假若你耐着性子找出花儿的各种脾性，并且细心地满足它的各种要求，它就会开放出婀娜多姿的花朵来，从而满足你的养花心愿，让你欣喜不已。与别人交往，心一定要细。如果不去考虑对方的性格、爱好和习惯，单纯一味地来做事情，势必会影响人与人之间的感情。不了解对方的特点，好心还会讨个没趣。做到心细，就是要摸出对方的脾性、兴趣和喜恶，就是要敏锐地觉察出对方的变化、苦衷和困难。根据情况，或者适时地表示祝贺，给予鼓舞；或者及时地伸出援助之手，帮他解困。如此，你就会拥有一份好人缘。

七、心明

生活中，人与人的关系最是微妙不过，对于别人的好意或帮助，如果你感受不到，或者冷漠处之，就可能因此生出种种怨恨来。心明，就是要心如明镜，当友好、热情之光照射到我们时，我们不应无动于衷，而应将这火热、美好反射给对方，也就是饮水思源，知恩图报，感激别人。情感的纽带因为有了感激，才会更加坚韧；友谊之树因为有了感激来滋养，才会枝繁叶茂。如果你对周围的同事、朋友、亲人常存感激之心，你就会成为一名好同事、好朋友、好亲人，你才能与他们和睦相处，共享良好人际关系所带来的温馨和幸福。

八、心正

孟子云“我善养吾浩然之气”，即培养心中正气。有了心中正气，才能够在世上做到顶天立地，才能够被人们所仰慕、所称颂。没有了心中正气，不但会在社会上站不住脚，而且也会被人们所鄙视、所唾弃。要想做到心正，一是要把看待问题之心摆正。即与人交往时，多记别人的好处，多看别人的长处，多想别人的难处；同时，多找自己的缺点，多看自己的不足，多问自己的良心。二是要把处理问题之心摆正。说话真实，办事扎实，作风老实；坚持真理，坚持原则，坚持正义；抵制歪风，打击邪气，消除丑恶。如果你做到心正，虽然会遇到少数人的反对，但会得到大多数人的支持。

第 42 节

过好美色关

——闯过心理的难关

小乐乘车回家，邻座有位貌美女子对他眉来眼去，弄得小乐心花怒放，不知所以。两人随便聊了一会儿，女子嗲声嗲气地说：“我家快到了，你能不能陪我一起回去?”这个女子同时暗示道，她现在一个人过日子，非常寂寞。听到这些挑逗的话语，小乐兴奋得不得了，他以为自己招来了桃花运，毫不犹豫地提起皮包就跟这位目前还不知姓甚名谁的女子下了车。天上掉不下馅饼来。没走多远，路边的树林里窜出几个凶神恶煞的男子，围住小乐，一人揪着他的领子骂道：“你这个不要脸的人，竟敢勾引我的老婆。”其他人按住小乐就打。小乐至此彻底清醒了：那个女子看见他提着一个精美的皮包，便以为他包里有很多钱，于是就……唉！自己中了他们设下的圈套。小乐对自己的愚蠢、无耻感到羞愧，对他们的卑鄙、恶毒感到气愤。不过，小乐感到庆幸的是，自己身上、包里并没多少钱。

这是一则真实事例。小乐遭遇抢劫是因为他没有过好美色之关。一个人一生当中，会面临许多“关”，其中美色关是一道非常特别的关。为什么这样说呢？一是因为它有着很大的遮掩性和迷惑性，许多人不但不视其为关，反而去努力“追求”和“夺取”；二是因为要过好美色关，需要当事人更多的坚毅和理智。过好美色关，不只是男士要面对的问题，女士同样应该注意。俗语说：“英雄难过美人关”，所以“美人计”从古至今就成为一种效果显著的“攻关术”。明代贾凫西所著《木皮散人鼓词》中有关于武王灭纣的一段：“多亏了散宜生定了胭粉计，献上了兴周灭商的女娇娃……他爷们（指周文王、武王父子）昼夜商量行仁政，那纣王糊里糊涂在黑影里爬。几年家软刀子割头不觉死，只等得太白旗悬才知道命有差。”自古以来不晓得“软刀子割头不觉死”的不知道有多少呢！吴王夫差不就是在美滋滋地拥抱着勾践他们献来的西施时，被勾践一帮人灭掉的吗？汉末的董卓不也是因为一个貂蝉，被王允他们引逗着“糊里糊涂在黑影里爬”，结果遭了灭顶之灾的吗？看看今天那些中箭落马的贪官，之所以成为阶下囚，其中一项原因不就是没有过好美色关吗？

可以说，美色一旦用于不可告人的目的，一旦成了一些人不该夺取但却去夺取的东西，它便成了一朵“含烟带雨呈娇态，傅粉凝脂逞艳妆”的罂粟，集鲜艳的美丽和诱人的危险于一体。一个人如果获得了不该获得的美色，那么他就会失去本不该失去的东西。对此，巴尔扎克写的一则寓言能够生动地说明这个问题。他写的《驴皮记》中的主人公瓦伦丹，得到一张神奇的驴皮，这驴皮可以满足他的任何欲望，包括美色之欲，但是每满足一次，驴皮就会缩小一些，缩小的程度与他的欲望成正比——胃口越大，驴皮缩小得越快。驴皮乌有之日，即是瓦伦丹生命终结之时。瓦伦丹可以尽情用它来享受生活，但却逃不过终极审判。当然，寓言不是现实，但却能够反映现实。读过这则寓言的人会明白这样一个道理——感官的享乐是以生命的枯竭为代价的。因此，巴尔扎克笔下的瓦伦丹陷入极度的矛盾痛苦之中，既想寻欢作乐，又怕死神早到。瓦伦丹的痛苦，也许是人类常有的痛苦，既想贪得无厌，又不想去吃苦受罪。可人生的定律就是有得必有失，甚至有时失远远大于得。贪美色，找情人，虽然潇洒，可编谎话骗配偶却煞费苦心，一旦被识破，吵个鸡飞狗跳还是小事，弄不好会搞成个家破人亡。可是古往今来，老有一些人算不过来这个账。他们有的看不到失，有的心存侥幸，有的禁不住美色的诱惑，明知是陷阱也甘愿闭着眼睛往里跳。

过好美色关，是每个人，尤其是那些事业有所成就的人面临的重要难题。这个难题处理不好，就可能在人生路上栽个跟头。如果某个人是个英雄，并且还具有柳下惠坐怀不乱的气度，那便是个了不起的英雄。如果某个人是个平凡的人，他能够不贪美色，坚守道德规范，他便是个不平凡的人。过好美色关，需要处理好两个方面的问题，一是对外在诱惑要经得起考验，二是对内在的欲望要能够克制住。当然，面对美色心如止水、波澜不兴还是有难度的。我们应该想出一些办法来克制自己，抵住诱惑，做一个响当当的“硬骨头”。以下三种办法层层递进，可供借鉴。

第一层次是有个清醒认识。一念之差，既可以使自己步入天堂，也可以使自己陷入地狱。面对美色的诱惑，当事人要深刻认识到不该得到的美色之坏处，充分意识到自己所担负的家庭、道德责任，从而毅然决然地远离美色。宋代周敦颐之《爱莲说》热情地赞颂了莲花“出淤泥而不染”的品格。我们要做到洁身自爱，远离美色之害，就要时时保持莲花般的品质。阿庆的妻子出差了，他孤单单地坐在家里。晚上 8 点，电话铃声响起，是他的大学同学秀秀打来的。秀秀长得非常美丽，上学期间，阿庆曾使出浑身解数去追求她，可是不知哪个环节出了错，她终归没有投入阿庆的怀抱，而是嫁给了一个富有的小老板。前段时间，秀秀全家由外地搬到了阿庆所在的城市。阿庆曾经去看过她，两人非常感慨，约好下次再谈。这不，秀秀打来电话，短暂的沉默后，声音飘了过来：“……他出差了……我知道你妻子也出差了……我想你……今晚你过来吧……”阿庆没有想到这“令人亢奋的消息”来得这么快。他飞快地冲凉，飞快地打扮，飞快地出门，几分钟后，阿庆就已站在了秀秀家的楼下。他抬头望着那粉红色的窗帘，似乎看到一幕“好戏”即将拉开粉红色的帷幕。他深深地吸了一口清凉的夜风用以压抑他那激动的情绪。就在他准备按下门铃按钮时，他忽然想到了贤惠温柔、勤俭持家的妻子，他觉得实在找不出半点理由背叛自己的妻子。他又想到了大学时的光景，如果秀秀真对自己有情有意的话，那她当初为什么不旗帜鲜明地离开那个小老板而立场坚定地选择自己呢？他意识到秀秀是把自己当作一个排解寂寞和孤独的“玩物”。阿庆吓了一大跳，他放下那按门铃的手，转眼走到了大街上。望着那粉红色的窗帘，阿庆心里头流淌着从未有过的崇高。回到家时不到9点钟，他开开门，却见老婆已经归来，穿着睡衣在等着他。阿庆暗自庆幸，倘若今晚真的去幽会的话，后果不堪设想！此刻，他的心中产生了一个决定：和秀秀决不超出一般友谊。在最后的时刻，阿庆头脑有了一个清醒认识，从而闯过了美色之关。当一个人在美色面前迷迷糊糊的时候，就不妨端起一盆凉水猛浇头上，让自己打个冷战，然后自己对自己喝道：该清醒啦。

第二层次是反复告诫自己。美色的诱惑是相当大的，有时可能仅靠清醒的认识还不够，还需要当事人不断反复告诫自己，才能闯过美色之关。据《明史》载：万历年间有个叫曹鼎的人，年轻时任山东泰和典吏，负责维持治安、缉捕盗贼。一次，他赴外地抓获一名绝色女贼，来不及回县城，二人便单独在一座荒山野庙中夜宿。到了半夜，女贼用出浑身解数去诱惑曹鼎，开始，曹鼎有个清醒认识，断然喝住了女贼。可是，面对女贼的再次诱惑，曹鼎有点按捺不住了。不过，曹鼎很快想出一个办法，他用纸片写下了“曹鼎不可”四字，贴在墙上，过了一会儿，又揭掉用火烧毁，然后再写，再烧掉，如此反复十余次，总算挨到天亮，保住了自身清白。或许有人会叹息，孤男寡女独处荒山野岭，曹鼎为何错过如此天赐良机？因为在有些人看来，他完全可以与那绝色女贼一夜缱绻，次日清晨各奔西东，回去谎称没有抓获便可。但是曹鼎心中有法，他不能因为满足自己的一时欲望，而违反法度。于是他用反复告诫这个简单法子，克制住了自己，曹鼎此举实属难能可贵。人都有七情六欲，在诱惑面前能够没有“私字一闪念”的人相信这世上还不多。有了不好私念怎么办？那就靠清醒理智来战胜私念。如果一次不行，那就要反复告诫，从而不断战胜。关键处，要咬得住牙关，面对诱惑，不能有半点犹豫、松动。

第三层次是强迫自己过关。当反复告诫不管用的时候，或者当事人意识到可能会自己控制不住自己的时候，就要采取第三个层次的办法：自己强制约束自己。比如说，把自己反锁在房间里，把钥匙扔到外面去，这样一来，就是想接近也接近不了了。当然，钥匙要扔到安全的地方，不能被坏人发现。时候已过，其他人能够把反锁的房门打开。强迫自己过关，就是要有点狠劲。《荷马史诗》中，俄底修斯为回到妻子身边，经受了许许多多的诱惑，排除了许许多多的阻挠。其中有个情节，俄底修斯的船队必须经过一个神秘的海域，那里有一个岛屿，岛上住着三个海妖，她们有着乌美的秀发、婀娜的身姿和迷人的歌喉。任何人听到她们迷人的歌声，就会身不由己地向她们靠近，最终被引诱到沼泽地里杀死。当俄底修斯的船队驶进这片神秘的海域时，他立即做了许多蜡团，塞住水手的耳朵，然后又让人把自己的手脚捆起来，命令水手快速摇桨，驶过这危险的海域。渐渐地，俄底修斯听见了那美妙的歌声，听得他心醉神迷，他非常想挣脱绳子向她们跑去，但因有言在先，无论如何威吓、命令、哀求、哭泣、许诺，他的手下人都不能把他松开。面对美色之关，他没有回避而是选择了面对，借助绳子“自律”，完成了坚守。强迫自己过关，是最后的没有办法的办法，它能够有效地避免贪图美色的害处，免栽跟头，从而走好人生之路。

最后说一句，闯过了美色之关，你的眼前就会呈现洁白无瑕、雄浑浓厚、天高气爽、广阔无垠的亮丽景色，你会因此觉得心旷神怡，圣洁无比。其实，过好了美色关，在人心理上还有哪些关不能过呢？

第 43 节

巴勒斯坦的两个湖

——情绪宣泄的艺术

春秋时期，公子姬归生与姬宋，都是郑国公族，二人一同去拜见刚刚即位的郑灵公。这时，姬宋的食指忽然不停抖动，姬归生感到奇怪，姬宋说：“没什么，我的食指常跳动，跳动那天一定会吃到奇异的美味。前年出使晋国吃到了石花鱼，去年到楚国吃到了天鹅，食指都是提前跳动，每次没有不灵验的。不知道今天又会吃到什么美味。”

将要进宫门时，见内侍传令，急着叫厨师快来。姬宋问内侍：“你叫厨师有什么事?”内侍说：“有位百姓捉得一只大鼋，有 200 多斤重，献给了君主。现在大鼋捆绑在堂下，君主让我召唤厨师烹它，还想让诸位官员一起享用呢。”姬宋笑着说：“美味在这里，我的食指怎么会不跳动呢?”入宫后，看见捆绑在堂下的鼋特别大，俩人相视而笑。拜见的时候，笑意还荡漾在脸上。郑灵公问：“你们笑什么?”姬归生答道：“姬宋与臣入朝时，他的食指忽然跳动，说过去常如此，必定能尝到美味。现在见堂下有巨鼋，猜想君主品尝时，必会分给群臣，食指果然有验，所以笑呀!”郑灵公开玩笑说：“灵与不灵，掌握在寡人手中啊!”

二人退出，姬归生对姬宋说：“美味虽然有了，如果大王不请你，怎么办?”姬宋说：“既然众人都享受，能把我排除吗?”

这天吃鼋时，内侍果然遍召诸位大臣。姬宋欣然而入，笑着对姬归生说：“我就知道大王不能不召我。”一会儿，众臣到齐了，郑灵公命入席就座，然后对大家说："鼋是水族佳品，寡人不敢独自享用，愿与诸位共同品尝。"众臣齐声道谢。坐好后，厨师说鼋已经烹调好了。先献给了郑灵公，郑灵公边尝边赞美，随后命赐每人一碗鼋羹，从下席起，直分到上席。正好分到第一、第二席也就是姬归生与姬宋时，只剩下一碗，厨师禀报："羹已经没有了，只有这一碗，请君上下令赐给谁？"郑灵公说："赐给公子归生。"厨师把鼋羹送到了姬归生面前。郑灵公大笑道："寡人命遍赐诸位，而偏缺少公子姬宋的，是公子姬宋命不该吃这鼋呀！还敢说什么食指有灵验吗？"原来喜欢取笑的郑灵公故意吩咐厨师，缺此一碗，想使姬宋的食指不灵验，好做个笑柄。却不知道姬宋已在姬归生面前把话说绝了，今天百官都得到赐食，唯独没有自己的，便恼羞成怒，径直奔到郑灵公面前，把手伸进他的碗中，取出一块鼋肉吃了，然后说："臣已尝到了！食指怎么不灵验？"说完，扬长而去。郑灵公也大怒，把筷子扔到地上说："公子姬宋这么没规矩，是欺负寡人！难道他以为郑国没有利刃，不能砍掉他的头吗？"姬归生等人都离座跪伏在地上奏道："公子姬宋凭着至深之爱，想沾些君上的好处，所以不拘小节，哪里敢对君上失礼呢？请君上宽恕他！"郑灵公恨恨不已，众臣也都不欢而散。

姬归生立即赶到姬宋家里，告诉郑灵公发怒之事，嘱咐他："明天上朝时要请罪。"姬宋说："怠慢别人者，自己也要受到怠慢。君上先怠慢我，不自责反倒责怪我！"姬归生说："虽然如此，但君臣之间，不可不谢罪。"第二天，俩人一同上朝。姬宋随大家行礼，没有一点谢罪的表示。倒是姬归生感到不安，代他奏道："公子姬宋不对，招致君上责备，特来请罪。公子姬宋战战兢兢不能言语，请君上宽容！"郑灵公说："是寡人得罪了公子姬宋，他怎么会怕起寡人？"说完拂袖而去。

姬宋出来，把姬归生请到家里，附在耳边说："君上很生我的气！恐怕要杀我，不如先发难，事成了可以免一死。"姬归生捂住耳朵说："牲畜年长了，都不忍心杀它，何况一国君主，你怎么能轻易说杀呢？"姬宋说："我开玩笑，请不要泄露。"姬归生告辞。

姬宋探听到姬归生与郑灵公之弟姬去疾友好，经常来往，就在上朝路上扬言："公子归生与去疾昨夜相聚，不知计谋的是什么事？恐怕对朝廷不利。"姬归生急忙拉住姬宋到僻静之处说道："你说什么话呢？"姬宋说："你不与我同心协力，我就让你比我早死一日！"姬归生向来软弱，处事不果断，听了姬宋的话，害怕地问道："你要干什么？"姬宋说："新君无道至极，从分鼋一事就看到了。如果成就大事，我与你共同辅佐去疾为国君，郑国也就可保久安了。"姬归生想了一会儿，慢慢说："随你怎么做，我不给你泄露就是了。"

姬宋暗中聚集家仆，乘郑灵公秋天祭祀住在斋宫之机，用重礼买通左右，让他们半夜摸进斋宫，用土袋子压死了郑灵公，对外声称得病暴死。姬归生清楚这件事但却不吱声。

第二天，姬归生与姬宋商议，拟立姬去疾为君主。姬去疾听说后大吃一惊，推辞说："父君有 13 个儿子，如果立贤人，我没有德行可言；如果立长子，又有公子姬坚在。去疾就是死了，也不敢违背祖宗规定呀。"姬归生与姬宋无奈，便推举姬坚即位，是为郑襄公。郑穆公总计有 13 个儿子，郑灵公姬夷被谋杀，郑襄公姬坚即位，下边还有 11 个儿子。郑襄公怕这些弟弟聚众结党，发生变故，私下里与姬去疾商量，想留下姬去疾，而把其他的弟弟驱逐出国。姬去疾说："我们兄弟在一起，就像枝叶繁茂本根就繁盛，如果剪枝去叶，本根袒露在外，那么它的枯干之厄运很快就会来到。君上能容纳大家，这是臣的心愿。若不能容纳，臣也同行，怎么能忍心独自留在这里？如果独自留在这儿，将来有什么脸面在黄泉之下去见父君呢？"郑襄公听从姬去疾之言，拜 11 个弟弟为大夫，同心治理国政。

楚庄王听说郑国变故，高兴地说："寡人伐郑国有理由了！"楚庄王便派公子芈婴齐为将军，率军讨伐郑国。郑国派使节紧急赶赴晋国，请求援助，晋国派中军佐荀林父领军救援。楚国见晋军人多势众，只好移兵伐陈。陈国又向晋国求援，晋成公亲自带荀林父率晋军赴陈与楚对敌，宋、卫、郑、曹四国兵马亦来助晋对楚，楚军退回。不料，晋成公病死在征途中，大军各自撤回本国。晋国拥立世子晋孺为国君，这就是晋景公。

第二年，楚庄王亲自统率大军，又去攻打郑国，在柳棼作战。晋国中军将郤带兵救郑，击败楚军。郑国人都很高兴，唯独公子姬去疾面有忧色，郑襄公感到奇怪，询问原因，姬去疾回答道："论当今国力，楚最强。晋打败楚，是偶然的。楚国将来会把怒气发泄到郑国身上，我们不能长期依靠晋国，我们快要看到楚国在郑国郊外陈兵了！"果然未过多日，楚庄王又来讨伐郑国，兵马驻扎在颍水之北。

正巧公子姬归生去世，见好友已死，公子姬去疾便想追究尝鼋弑君之事，以使楚军失去征讨理由，于是杀了姬宋，暴尸于市，然后派使节到楚庄王那里谢罪，并说："郑有逆臣姬宋，已被处死，郑愿到贵国会盟。"原是以讨伐乱臣贼子为名而来，如今姬宋已死，郑国又如此倾心依附楚国，楚庄王便同意会盟，郑国这才稍稍安稳。

郑国的这场变故，起因是一个玩笑，导致君臣都是满腔怒火，姬宋为保性命，抢先下手，导致了郑灵公被弑。假若合理宣泄双方的怒火，郑国就不会有这场危机了。

打开世界地图，我们会看到巴勒斯坦有两个湖。一个名为伽里里湖，里面盛着淡水，有鱼。从山脉上流下来的约旦河带着飞溅的浪花，成就了这个湖。这个湖周围，有人群，有住房，鸟类在茂密的枝叶间筑巢繁衍。另一个湖是无名湖，同一约旦河向南流入其中。这里水面空气凝重，没有树，没有鸟的歌唱，也没有鱼的欢跃。除非事情紧急，旅行者总是选择别的路径而避开此湖。

这两个湖彼此相邻，何以又如此不同？不是因为约旦河，它将同样的淡水注入。不是因为土壤，地理气候条件是一样的。区别在于：伽里里湖是流动的，它在接受新的约旦河水的同时，也把原有的水放出。那个无名湖则是死湖，只进不出，约旦河水不停地注入，水分蒸发了，但杂质却滞留下来，日久天长，便成此局。

对这一自然现象，我们可用来比喻各种人间现象。最为恰当的比喻，是用水的进出与湖的活力的关系，来比喻人的情绪宣泄与人的身体健康的关系。人在复杂社会中，难免受刺激；受刺激了，难免会有烦躁、上火等不良情绪；有了不良情绪，就存在一个是否发泄、疏导、调适的问题。只有“有进有出”，身体才会像伽里里湖那样活力四射；如果“有进无出”，身体必会像无名湖那样走向沉寂。

不发泄不好，但胡乱发泄更不好。李四在单位不顺气，回家拿老婆孩子出气；王五恋爱受挫，在工作中蛮不讲理。这些泄愤方法不但于事无补，而且会影响感情，妨碍工作，是不可取的。

情绪应该宣泄，但宣泄必须合理。怎样宣泄才好？这里就有个情绪宣泄的艺术。本人不揣浅陋，对情绪宣泄说个一二。

一是打开闸门，适时情感泄洪。在亲人面前的痛哭，是一次纯真的感情爆发，如同夏天的暴风雨，越是倾盆而下，天就越晴得快，许多人在痛哭一场后，痛苦和悲伤心情就减去许多。在盛怒时进行剧烈运动，也有助于释放激动情绪带来的能量。读书、散步、娱乐、旅游等，都能转移情绪。向师长、同事、同学、亲人诉说心中的烦恼和忧虑，也是情感泄洪的方法。等说完了，压力也会烟消云散。就像俗语所说的：分享，使你的痛苦减半，而使你的欢乐加倍。如果你喜欢上网，还可以网聊。在网上，你可以无所顾忌地倾诉。你还可以学习林肯，把不满情绪尽情地写出来，想怎么说就怎么说，怎么解气就怎么骂。等写完后，一把火把信烧掉，你会发现你的气也化作云烟了。

二是巧妙化解，学学阿 Q 精神。如果你在开车时，碰到别人从你身边一擦而过，呼啸一声，让你大吃一惊。这时候，怎样化解不良情绪呢？我们不妨以风趣、温和的态度解释当时的情形：“这家伙，一定是老婆赶着去生孩子。”然后，一笑置之。这是“文饰”，又叫“合理化”，是一种援引合理的理由和事实来解释所遭受的挫折，以减轻或消除心理困扰的方式。它具有“酸葡萄效应”“甜柠檬效应”，是一种阿 Q 精神。文饰方式虽然是人们面临不良情绪时自觉或不自觉地采用的一种心理防御机制，但它除了暂时缓解内心冲突、保持心理平衡之外，对心理发展更多的是起消极作用，降低积极适应环境的能力。因此，文饰只可三次、两次使用，不可长期、过分使用。

三是予以升华，做个生活强者。篮坛巨星乔丹是这样表白心迹的："如果有人取笑我，或者怀疑我……那将成为我超水平发挥的动力。"变世俗压力为前进动力，这是情绪的升华。升华是情绪宣泄的最高境界，是将情绪激起的能量引导到对人、对己、对社会都有利的方向去。当人遇到愤愤不平之事时，一味生气、憋气，或颓唐、绝望，都是有害无利的。做出违反法律的报复行为更是不可取，因为这是用别人的错误来惩罚自己。正确的态度是有志气，争口气，将挫折变为积极行动力，做生活中的强者。所谓"化悲痛为力量"就是这个意思。

第 44 节

戴铎的密信

——如何才能看透人性

在康熙后期的 10 多年里，20 多个皇子围绕储位进行争夺，这一直是中华历史的一大热点。这场斗争，把一部分贵胄、官僚、文人以及西洋传教士卷了进去，激烈到你死我活的程度。最后，四子胤禛（雍正）取胜，被精明的康熙帝立为储位。他的成功，得益于他的夺储策略，而这些夺储策略是一些谋士为他制订的。在《中国通史》上，特别强调了戴铎的作用。戴铎，曾为胤禛家奴，后来被胤禛推荐担任福建知府、道员，四川布政使等职。戴铎为胤禛的基本谋划，集中到一封给胤禛的密信上。这封密信的内容，正是胤禛赖以继位的成功策略，胤禛极为欣赏。

我今天读这封密信，仍会感到受益匪浅。因为这封信看透了人的本性和竞争的奥秘，并指明了交际秘诀、处世之道。虽然密信有一些封建糟粕，但信中的一些实实在在的心理规律、行为技巧等，在现代社会仍是有借鉴价值的。

这封密信写于太子胤礽再度被废、储位之争白热化的 1713 年。以下是该密信的简要内容：

当不当皇太子，是关系到终生荣华富贵还是屈辱人下的重大问题。现在的储位之争是关键时刻，绝不可轻视。因此我要向您进献浅薄的意见。这些话可能不应当说，说了可能犯死罪，但是我还是要冒死进上几句话。

当今康熙皇帝是天生的圣明君主，各位皇子在储位空悬的情况下，明争暗斗，互不相让，为的就是谋求储位。

皇子与平庸的父皇容易相处，同英明的皇帝则很难把握好关系。兄弟少，关系也就简单，相互间容易欢洽，如果兄弟众多，关系就复杂了，处理起来也颇为麻烦。为什么这样说呢？在英明的父皇面前，不表现自己的才华吧，恐怕父皇会认为这个儿子是蠢材，不中用，弃置一边；努力表现自己的才华吧，又怕精明的父皇可能对他产生猜忌，说他有野心。这就使得做皇子的人不知道该如何是好。兄弟多，个人的秉性就不同，爱好也各异，关系复杂，矛盾也多，使身处其中的人不知该如何周旋。奴才认为您的正确的做法是用孝敬的态度敬事父兄，以诚恳的态度对待其他人，还要用忍让的态度宽容他人的过失。如果做到了这些，父子兄弟的关系就没有处理不好的。

您天生懂得仁孝，在皇帝那里没有一点不对，这不用我们担心。

对待各位兄弟，您也应当用高深的修养和博大的气度来对待他们，让有才能的人嫉妒不起来，让无才能的人紧紧依靠着自己。决不要图一时痛快发泄情绪，这可能给自己带来终身大祸。

所有在您周围的人，奴才请求您都要破格给以优待。一句赞扬的话，说话人未必因此得福，但是一句诋毁的话，就可能使人遭祸。您一贯敬老尊贤，老早就被人称赞了，但请您更加时刻留意，就是那些地位一般的汉人官僚、太监、侍卫，您在同他们见面时，也要给他们多讲几句应酬的闲话，夸奖他们几句，其实您也不用给他们金银绸缎当赏赐。就这么几句话，他们就会感激不尽，逢人讲您的好话。这样，贤明王爷的名声就会越传越远，别的皇子们就谁也赶不上您了。

至于府里的一些小事情，似乎用不着多管，免得分散精力，弄不好还招来不利于您的议论。古人说：打天下的人如果轻视金玉布帛，那么得天下就像翻手掌那么容易。您的气量远大，自然不会在乎这些小利。谋财会受到舆论的指责，给自己招来麻烦。

说到为您建功立业的人才，咱们王府中就有。这是些金玉，但还藏在匣子里；这是些珍珠，但还沉在海底。最近您发话，允许府里的人借银子捐官做，大家都因此认识到您提拔的美意。我恳求您进一步培养门下的人，对于还不太熟悉的人，请您亲自面试提拔。借着您的声望，大伙一定会更加努力上进，虽然不一定人人都能飞黄腾达，但只要有两三个人出现，就会成为您不可缺少的助力。

这几条建议，希望您采纳。我受您隆恩，每天日夜为您祷告。您根基深厚，学问渊博，哪样道理不知道，哪件事情不清楚？我这些浅薄的见解是多嘴了。只因为我要去湖广办事，来回要耽搁不少时间，更因为现在是储位之争的紧要关头，实在是马虎大意不得，所以向您禀报这些意见。现在，稍微有一点懈怠，就会出现别的皇子率先获得储位的可能。再说，您的才华、智慧、品德、学问哪样不比别人高出万倍？如果有人因此嫉妒您，使出坏来，到了势难两立的地步，您后悔就来不及了。

以上就是这封密信的简要内容。除了把夺储形势、利益关系看得清清楚楚外，还有几点值得肯定。

一是异常重视“赞美”“尊重”在处理人际关系中的作用。这是些费力不多、但却能产生奇效的“法宝”，戴铎是这样认为的。一方面，他极力建议胤禛在上上下下、前后左右的交往中运用这些“法宝”。另一方面，在这封密信中，戴铎也是大力赞美、万分尊重胤禛。作为一个下人，向王爷提建议是难的。但有了“赞美”和“尊重”，提建议就显得那样顺畅和有力。

二是清晰点出“增强助力”与“减少阻力”是竞争的两个基本方面。争夺储位，就是一场激烈竞争。而任何一种竞争都有两个基本方面，戴铎从这方面入手，告诉胤禛应该怎样去做。培养人才，提高威望，能够提高竞争力的事情一定要去做；宽以待人，舍弃枝末，能够减少阻力的事也一定要去做。如果在这两个基本方面做得非常出色，那么在这场残酷争储斗争中，又会如何不胜呢？

三是特别强调“增强必胜信心”与“不可掉以轻心”的战略意义。密信的开头与结尾虽然才几句话，但说得很深刻，把胤禛的优势和夺储的重要性、必要性、严峻性说得清清楚楚。相信胤禛看后肯定有一股“背水一战”“必须全力以赴”的感觉，自信心和警惕性会大大地提高。

这是一封看透人性的书信。这封书信发挥了极大作用。在这种策略指导下，胤禛越来越被康熙所看中。1717 年 11 月，康熙帝召集诸皇子及满汉大臣等入宫，传长篇口谕，暗示他已经定计立储，只是未将继承者言明。1722 年 11 月，69 岁的康熙帝在寝宫病死。死后，宫中传出遗诏，内称“皇四子胤禛人品贵重，深肖朕躬，必能克承大统，著继朕登基，即皇帝位”。于是，胤禛奉诏即位，改次年年号为雍正。

第 45 节

当人失意时

——忍受住人情冷暖的打击

春秋时期，晋国公子重耳生理上有些畸形，重瞳并且骈肋。弟弟申生因为是齐桓公外孙，被立为太子。重耳虽贤且是长子，也只能在申生的阴影之下成长。

骊姬祸国后，太子申生被杀，重耳也被父亲晋献公派兵追杀。在刺客的追杀下，重耳只好越墙逃脱，投奔其母国翟国。

重耳弟弟晋惠公即位后，唯恐国人归附重耳，又派刺客去刺杀重耳。

得到消息后，重耳拔腿就跑，盘缠都没带。自翟国往东，一路颠簸，终于来到卫国境内，没想到卫文公一时糊涂，对重耳没有兴趣。

重耳没有得到卫国的一丝援助，又再度逃难。在卫国五鹿，饥饿难耐的重耳忍不住向一位农夫乞讨。农夫从地上拾起一个土块，调侃重耳："拿去，吃吧！"近乎绝望的重耳气愤地举起鞭子要抽打农夫。随行的舅舅狐偃赶忙阻止了重耳："这是上天要赐给我们土地啊！说明我们复国在望。"并且煞有介事地向农夫磕了个头，接过土块，装在车上走了。

这种精神胜利法激励着重耳继续往前走。为了让重耳活命，从人介子推把腿上的肉割了一块，与采摘来的野菜同煮成汤给重耳吃。当重耳知道是介子推腿上的肉时，大受感动。

为了发展，重耳离开齐国，到了曹国。曹共公完全不听大夫僖负羁之言，拒绝接纳重耳。曹共公听说重耳身有生理缺陷，竟然在重耳沐浴之时，在窗帘外偷窥重耳的骈肋到底啥样。重耳知晓后，异常痛恨。

重耳离开曹国，来到郑国，派人通报郑文公。郑国大臣叔詹说："重耳，是晋国的贤公子，与君侯同宗，宜当结交。"不料，郑文公拒绝道："每年从我们这里路过的诸侯、公子那么多，如果每个都去招待，我们哪有那么多钱?"于是乎，郑文公催促着重耳一行赶紧赶路，不要在郑国闲待。

重耳离开郑国，继续往南，进入楚国境内。楚成王早闻公子重耳是贤人，便出来迎接重耳。

在招待宴会上，贪心的楚成王问重耳："公子要是回到晋国为君，将来怎么报答寡人呀?"重耳说："珍珠玉璧、象牙兽皮，贵国多着呢，我还能用什么来报答大王呢?"楚成王又问："尽管这样，你究竟用什么来报答寡人?"重耳说："如果托大王的福，能够回到晋国，一旦晋、楚两国中原剑矛相见，那晋军就退避三舍。如果还得不到大王的宽大，那就左手执鞭，右手执弓，跟大王较量一下。"楚成王听重耳此说，不禁哑然。楚国大臣成得臣在旁，大声对重耳喝道："楚王奉你为上宾，你竟敢出此狂言!"楚成王见此，忙命成得臣退下，宴会很快结束。

成得臣不甘心，拜见楚成王，向其谏道："重耳，世之贤主。倘使其归国，如鱼得水，它日必成楚之大患。今日，其羽翼未丰，且在我国境内，宜当速处之!"楚成王并不听从成得臣建议。

经过一路颠沛流离，终于时来运转。在秦国的相助下，重耳终于回国做了国君，即晋文公。在他的治理下，晋国越入强国之列，称霸中原。

在做国君之前，重耳被迫流亡列国，历时达 19 年之久。正因为长久的失意，使晋文公做了国君后，拔擢贤能，勤于修政，励精图治，开创晋国长达百年的霸业。文治武功，昭明后世，显达千秋，与齐桓公并称"齐桓晋文"，为后世儒家、法家等学派称道。

俗话说："人生不如意事十之八九。"人们在工作、学习、生活中，难免有不尽如人意的地方。当"失意"这场"冰霜"突然袭来时，有的人借酒消愁、萎靡不振、郁郁寡欢，有的人垂头丧气、胸闷心悸、失眠健忘。因为失意而带来的精神上的痛苦，想必每个人都有深刻体会。

我是位普普通通的人，失意常常光顾我的心田。每当酸甜苦辣咸涌上心头时，我会想起那沙漠中的植物。

地球上的沙漠原本并非沙漠。几千年、几万年前可能是一片黄土，生长着若干类植物。当风沙肆虐、抢夺土地时，绝大多数植物在这种“失意”的环境中渐渐枯萎直至死亡，只有为数不多的植物顽强存活下来。

一种是胡杨树。沙漠并非一滴水不进，而是水分蒸发太快。长久下去，盐分在土壤中不断积累，形成了含盐量很高的盐渍土。对于绝大多数陆生植物来说，土壤含盐量超过一定限度就不能生存，而胡杨却具有非凡的耐盐碱能力。随土壤溶液一起进入胡杨体内的盐分，一部分被转化为无害的物质储存利用，另一部分一时难以转化的盐分，则通过树干排出体外，这就是人们所说的“胡杨泪”。

一种是仙人掌。沙漠仙人掌高达 10 米，根系却扎得很浅，但向四周伸展的范围很大，往往辐射到几十米以外。它们在喝水和储水本领上技高一筹。当沙漠中一场罕见的暴雨来临时，接近地表的发达根系便以极快的速度吸水。它能将几百升的地表水迅速据为己有，贮存在仙人掌的茎中。此时，在长期干旱中变得皱瘪细瘦的躯干又重新粗壮起来，如同一架合拢的手风琴再度拉开。

一种是千岁兰。沙漠植物千岁兰，在其长达千年以上的生命历程中，始终与两片巨型叶相伴。这两片由短粗的茎顶部伸出的叶，宽 30 厘米左右，长二三米，分别弯向两侧的地面。在漫长岁月中，这两片叶的基部始终在生长，永不脱落，直到植株死亡。在空气干燥的沙漠中，叶片面积大往往是植物致命的弱点，但千岁兰不但不死，反而能在沙漠中活上千年。原因是千岁兰有一项独特本领，就是维持生命的水分由叶片吸进体内。在雾天中，千岁兰巨型叶片上的气孔会全部打开，在蒸腾量极低的情况下，饱饮水汽。

概括一下，这三种沙漠植物都有各自的抵抗“旱魔”的非凡本领。

正因为此，当成千上万种植物在“沙漠化”这种“失意”环境中死亡时，只有它们勇敢地存活下来，为世人敬仰。

人在失意的环境中，是怨天尤人、抱头哀叹、慢慢消沉，还是适应环境、奋发努力、战胜困难？不用说，理智的人们都会选择后者。怎样才能适应环境，战胜困难？答案就是像胡杨树、仙人掌、千岁兰那样具备一两样适时对路的过硬本领。生活不论如何折磨人，思维是不受限制的，视野是没有藩篱的。小环境不如意，大环境会无比宽广，任你驰骋。只要我们具备能够改变失意的思维和技能，就能忍受住人情的冷暖和失败的打击，从而迈过“失意”这道坎，而不是被它绊倒。

第46节

王应的见解

——心理能量守恒定律

东晋的政治形势非常复杂和混乱，当时的掌权者大将军王敦去世后，王敦的哥哥王含处境非常危险，想投靠王舒。儿子王应在旁劝他投靠王彬。

王含说："你难道不晓得大将军生前和王彬的关系坏到什么地步了吗？还想到要投靠王彬？"

王应说："这正是我们投奔他的原因。大将军生前的权势地位达到了极致，江州的王彬却没有屈从而自立门户，这是具有不凡见识的人才能做到的。而如今大将军已死，王彬眼看王家从极盛到极衰，一定会起慈悲怜悯之心来救助我们。而荆州王舒一向随波逐流巴结权贵，怎么会在我们落魄的时候收留我们呢？"

王含不肯听从，还是去投靠王舒，王舒果然将他们父子溺死于江中。王彬起初听说王应要来投靠，暗中准备船只在江边等待，却等不到王应，深感遗憾。好凌弱者必附强，能抑强者必扶弱。王应对人情世故参悟得很透彻。

在物理学上，有个能量守恒定律。讲的是，不论发生什么变化，能量的形态可以转换，但能量的总和永恒不变。对于每个人的心理来讲，也有能量守恒现象。

一个繁华的城市广场上，一个蓬头垢面的小姑娘在向人乞讨："大妈、大伯行行好吧！叔叔、阿姨可怜可怜我吧！”

一位打扮潮流的妇人走过，小姑娘上前，伸出脏兮兮的手……

“滚！”那妇人一声呵斥，掩鼻而过。

她缩回手，羞愧地闪到一旁，很长时间一声不吭。

这时，一个文质彬彬的男青年走来，小姑娘又上前缠着他，伸出手去……

男青年显得不好意思，迟疑了一会儿，从钱包里掏出一张一角的纸币，递给她，可能是男青年钱包里就这么一张零钱。

想不到的是，小姑娘拿起这张纸币，狠狠地扔在地上。

这个举动惊呆了好些目睹者：一个要饭的小孩，竟将乞讨来的钱毫不在乎地扔掉！

一面是遭人呵斥后卑微地闪到一旁，一面是向施舍者狂傲地示威，这两个反差强烈的举止何以会在这么短的时间内发生在同一个小孩身上？

原来，这是心理能量守恒规律在作怪。不只是小姑娘，任何一个人在情绪激动的时候，内心会形成一种包藏能量的状态。一个压抑怒火、忍住不快的心就像一只被手压在水里的充足气的皮球，看似平静，实则憋足了强劲的反弹力。这些被压抑得若无其事的能量并不会化为乌有，遇到合适的时机它就会以另一种形态表现出来。这名男青年遭遇的尴尬，就是小姑娘情绪能量转化的结果。

因为有了心理能量守恒规律，所以就有了这些说法：好凌弱者必附强，能抑强者必扶弱；对上巴结者，对下必蛮横。因为此处付出的人格成本必定要在彼处讨回。

既然心理能量守恒规律是种自然现象，就应坦然地看待这一问题。当自己情绪激动时，如果不能做圣人，就应学会调适。调适之道可以学学美国历史上的伟人林肯。一次，林肯的一位朋友对他谈起他受到的不公正待遇。林肯听后不平地说：“你马上写信去痛骂他，往后再也不与他往来。”于是，那位朋友立即动笔写信，将那人痛骂一顿。然而，信写好后，却被林肯拿过去撕掉了。林肯笑着说：“我写过不少这样的信，但从来没有也永远不会寄出去。我们可以尽情地倾吐心中的不快，但没有理由去伤害他人。”事实上，当一个人写了这样的信后，烦恼、怒气就会消除得差不多了。

第 47 节

一分钟处世

——默数六十下

看到这个标题，许多人会大惑不解，处世乃是天长地久的事情，怎么会有“一分钟”之说呢？大家如果仔细看完以下一则故事，相信就会消除疑虑。

19 岁女孩迎春早晨起来打开房门，忽然发现一个持刀男子凶狠地站在门前。不好，遇到劫匪了！这一念头骤然跃入迎春的脑海。狂喊，尖叫，瘫倒……所幸的是，这些容易让人想到的并且担心的情节，都没有发生在她的身上。经过短暂的慌乱后，迎春镇静了下来。她微笑着对男子说：“朋友，你真会开玩笑，你是来推销菜刀的吧？我喜欢，我要一把。”接着便让男子进屋，还神采奕奕地对男子说：“你很像我以前一个热心的邻居，见到你我真高兴，你要吃糖，还是喝茶？”面对一腔清纯和热情，原来满脸杀气的男子竟有些拘谨起来，忙结巴地说：“谢谢，谢谢！”片刻，迎春买下了那把菜刀，男子拿了钱迟疑了一下便走了。在转身离去的一刹那，男子对迎春说：“大妹子，你将改变我的一生……”

一次即将发生的行凶抢劫转眼间化为乌有，一个开始迈向犯罪泥沼的人很快掉转方向走向阳光大道。就是那么一两分钟，乌云刚刚聚集起来就被暖暖和风吹散掉了。这是因为什么？这是因为迎春在那短短的一两分钟内，用一种机敏，用一份善心，扭转了局面。迎春是个平凡的人，并且还是个年龄不大的女孩，但她有了一种一分钟处世的强硬功夫。这种功夫，让人钦佩，令人羡慕。假若乌云笼罩时，遇到的不是暖风，而是一股强冷空气，那么降落的不只是暴雨，还有可能是冰雹了。

我们是否也可以像迎春那样，在一分钟内化险为夷、教人行善呢？当然可以。只要我们具有迎春那种把人从深渊往岸边上拽的智慧与胆识，我们也可以做到。其实，坏人也并不都是毒入膏肓，行凶作恶的人也会存有一份善心，只要往其身上注入行善的“发酵引子”，那么他的“仁义”就会膨胀，邪恶因此就会排除。

人的一生是由一分钟处世的累加构成的。就像人字结构一样，一分钟处世有“一撇”，就是“教人行善”，刚才已经阐述了；它还有“一捺”，就是“让己除恶”。对这，我们也从一个故事慢慢来说。

节假日，丈夫陪妻子逛商店。一路上，妻子有说有笑，兴致勃勃。正当妻子一遍又一遍地在商店里试穿衣服时，丈夫身上的呼机响了。20世纪末，手机不普及的时候，呼机很流行。丈夫低头一看，呼机上清楚地显着：“饭做好了，快来我家。柳小姐。”柳小姐是何许人？丈夫怎么也记不起来。正当他纳闷的时候，妻子过来凑热闹了：“谁在呼你啊？”见丈夫神色迟疑，她一把抢来呼机。糟了！妻子脸色顿时大变，由疑惑转为气愤，接着变为冷笑。

“好啊，柳小姐请你去吃饭，你快去吧！”

“鬼晓得是哪个柳小姐。”丈夫赶忙解释。

“只怕是你心中有鬼吧！”妻子眼睛瞪得大大的。恼羞成怒、失去理智的她甩开丈夫便冲向了大街……啊呀！要不是过路的司机一个急刹车，妻子差一点就会被车撞个正着。从呼机响到遇危险就这么短短的一分钟！此时的妻子和后边的丈夫都吓坏了。在周围一些看热闹人的眼光下，两人闷闷地往家赶，一路上谁也不搭理谁。

两人刚刚回到家，电话铃声就响了，原来是丈夫的丈母娘打来的，“喂！我说你们是怎么回事，到底来不来吃饭呀？”一听此语，机灵的丈夫赶紧把话筒递给妻子，她立刻明白了，因为刚才惊吓而发白的小脸片刻间满脸通红。丈夫更是哭笑不得。他讷讷地对妻子说：“这寻呼台小姐真是，居然把六七十岁的老太太也称作小姐！而且还把‘刘’改成了‘柳’。今天的惊险，全怪寻呼小姐。”妻子听后一言不发，她心里明白，这不能全怪寻呼台，要怪只能怪自己。如果自己当时头脑不发昏，火气压一压，那么这些不快事情都没有了。

这个世界上药铺很多，可惜没有卖后悔药的。在这个社会上，因为头脑不冷静，因为误会和草率而发生的灾祸太多了，多得数也数不清。从不冷静到一时冲动，从一时冲动到灾祸发生，有时就是那么短短的一两分钟。等到坏事发生了，后悔就迟了！当心中有了怒火时，当事情很蹊跷时，当自己一意孤行要干不好的事情时，记住在头一分钟内，一定要在心中默默地数数，就像禅师数胸前的佛珠一样。当一秒数一下，数完60下后，或许你会庆幸刚才的鲁莽事情没有发生。这看似无所谓的一分钟，会使你的天地变宽，会使眼前灾祸消除。

一分钟处世的“一捺”——“让己除恶”，其实说的是三思而后行。只要理智占据支配地位，那么这“一捺”的处世功夫也就炉火纯青了。

提出“一分钟处世”说法，是提醒人们，重视人生路上的那一个个“关口”，要过这一个个“关口”，就要具有一分钟处世的本领。

第 48 节

吴起的遭遇

——说说受批评多

卫国人吴起，少时闲居家中，终日击剑练武，不务正业，常被他的母亲责备。一日，吴起突然将自己手臂咬破，对母亲发誓道："儿现在与母亲告别，游学四方，若不能拜将入相，取得富贵，决不返回卫国与母亲相见。"母亲流泪挽留他，但吴起头也不回地出城离去。

吴起来到鲁国，在孔门弟子曾参门下学习。曾参已是 70 多岁的老人，著述有《大学》《孝经》等儒家经典。他对吴起说："吾日三省吾身，为人谋而不忠乎？与朋友交而不信乎？传不习乎？"吴起聪明，一一记牢，对师傅的教导，昼夜苦背，不辞劳苦。

齐国大夫田居出使鲁国，看到吴起勤奋好学，甚是喜欢，虽其年少，但也把女儿嫁给他为妻。曾参知道吴起家中有老母在堂，便问他："你离家游学，却从不回家探望自己母亲，作为儿子，你怎能心安?"吴起答道："我曾向母亲起誓，如没出息，决不返回卫国。"曾参说："你可以向别人起誓，却怎么能向自己的母亲起誓呢?"便对吴起的为人不满。不久，卫国传信来，说吴起母亲已死，吴起仰天大哭三声，马上收泪，诵经读书如常。曾参怒道："吴起母亲死去，自己却不奔丧返家，是一个忘本之人。河水无源就会枯竭，树木无根就会倾倒。人若无本，怎能得善终？吴起不是我的弟子！"此时曾参年老多病，对吴起说："我再教你最后一节课。"曾参把弟子们都叫到跟前说："你们掀开被子，看看我的脚和手，都保全得很好吧？我一生像《诗经》上说的‘战战兢兢，如临深渊，如履薄冰’，小心谨慎，以保其身。你们年轻，将来前途漫漫，一定要学为师我。鸟之将死，其鸣也哀；人之将死，其言也善。我老了，还想告诉你们三句话：使自己的容貌庄重严肃，这样可以避免放肆；使自己的脸色一本正经，这样就接近于诚信；使自己说话的言辞和语气谨慎小心，这样就可以避免粗野。”吴起磕头后，流着泪离开师傅曾参，从此抛弃儒学改修兵法。

几年后学成，吴起找鲁国相国公仪休求官。这公仪休，是鲁国博学之士。公仪休与吴起谈论用兵之道，知道他有将才，便将他举荐给鲁穆公。

吴起得到了优厚俸禄，便纵情声色，娶了许多小妾。此时齐国兴兵攻打鲁国，鲁国相国公仪休向鲁穆公奏道：“要想打败齐军，非得重用吴起不可。”鲁穆公口头虽答应，却始终不肯拜吴起为将。等到齐军攻下成邑，公仪休再次奏请鲁穆公：“臣曾举荐吴起领兵破敌，君上为何还不重用他呢?”鲁穆公答道：“寡人也深知吴起有将才，然而他娶的妻子是齐国田家之女，世上至爱莫过夫妻，谁能保证他不起反叛之心?”公仪休出宫，吴起便问道：“齐军已侵入我国纵深腹地，君上是否已找到能够破敌的良将？今日不是我吴起夸口，君上若让我统兵为将，我定能将齐军杀个片甲不存。”公仪休说：“我向君上再三举荐你，君上因你与齐国田家通婚，这才犹豫不决。”吴起说：“解除君上的疑心，这还不容易!”吴起回家问他妻子：“男子都愿意娶妻，这是为什么?”妻子答：“娶妻自然是为了成家立业。”吴起说：“丈夫能拜将入相，加爵进禄，功垂青史，名传千载，这是更大的家业，你是不是也希望为夫我得到这些?”妻子答：“当然。”吴起说：“我有一事相求，请你成全于我。”妻子不解地问：“妾是一个女子，哪有能力帮助我夫成就功名?”吴起说：“现在齐国出兵攻鲁，鲁君本想让我统兵为将，只因我娶的是齐国田家女儿，他这才犹豫不决。如果我能带着你的人头去拜见鲁君，他必定会消除疑心。这样一来，我的功名富贵就有望了。”妻子大惊，正想开口说话，吴起拔剑一挥，妻子的人头落地。

吴起带着妻子人头来见鲁穆公，奏道："君上因臣的妻子是齐国田家女儿，而对臣起疑，现在臣已将妻子杀死。"鲁穆公心中不忍，摆手说道："请你先下去。"一会儿，公仪休入朝拜见，鲁穆公对他说："吴起杀妻求将，实在太残忍了。寡人看他居心叵测。"公仪休说："吴起不爱妻子，热衷功名，君上现在若不起用他，他必会助齐攻我。"鲁穆公便听从公仪休之劝，拜吴起为将军，率兵2万迎击齐军。

吴起为将军后，与军士同甘共苦，见到军士背粮过多，行走艰难，便与他们一同背粮前进。军士们对吴起感恩戴德，亲如父子，发誓拼死疆场。

再说齐国田和领军长驱直入，听说鲁国起用吴起为将，哈哈大笑道："此人是我田家女婿、好色之徒，他懂得什么排兵布阵？鲁国让此人率兵，怎能不一败涂地?"等到两军对垒，田和见吴起不出营挑战，便偷偷派人去鲁营窥探。探子看见吴起与军士席地而坐，同釜吃饭，回来报告田和，田和又大笑说："将军有尊严．军士才能敬服；军士敬服将军，军队才能有战斗力。吴起如此领兵，怎能服众?"便派校尉张丑，假称求和，到鲁军中探看虚实。

吴起将精兵藏在后军，自己带着一班老弱残兵出来见客。张丑问道："外面盛传将军为得兵权，不惜将妻子杀死，果真有此事吗?"吴起假装大吃一惊，慢慢答道："我吴起虽不肖，但也曾在孔门弟子曾参处读过几天诗书，怎敢做出这等不仁不义之事？我妻子因病而亡，与我拜将统军一事虽是同时发生但却毫不相干，请您不要误听谣言。"张丑将田和愿意与鲁国和解之事说出，吴起说道："我乃是一介书生，怎敢与田氏作战为敌？田和相国愿意和解，我更是愿意。"吴起将张丑留在军中，欢饮三日，绝口不提发兵交战一事。张丑临行前，吴起又再三向他申明，愿意和齐国言和退军。

张丑刚刚离去，吴起立即暗中调兵遣将，分作三路，尾随张丑向齐军进击。张丑回军一一报告，田和以为鲁军又弱又无斗志，全然不放在心上。田和正得意间，忽听到营门外鼓声大作，鲁军以迅雷不及掩耳之势杀来。田和大惊，齐军营中更是一片混乱。齐军抵挡不住，大败逃去，吴起率兵一直追击到平陆，方才班师回朝。

鲁穆公大喜，晋封吴起为上卿。田和因张丑误报军情，要将他治罪，张丑辩解说："下臣见到的确实是那样，谁能料到吴起暗中使诈?"田和长叹说："吴起非常擅长用兵，若他被鲁国长期任用，我齐国必会后患无穷。我想派一人去鲁国，与他暗中通好，你敢去吗?"张丑答道："下官愿舍命前去，将功折罪!"田和让张丑带上美女两名和虎皮两张、象牙两对，扮成一个富商，到鲁国向吴起行贿。吴起贪财好色，当即将礼物收下，对张丑说："请转告田和相国，假如齐国不侵犯鲁国，鲁国决不会发兵与齐交战。"张丑气愤吴起以前使诈，便想以牙还牙，离开鲁国都城曲阜时，故意将行贿一事加油添醋地泄露出去，搞得鲁国沸沸扬扬。鲁穆公闻听此事，向众臣说道："吴起真的居心叵测呢。"打算将吴起削爵治罪。吴起闻听，心中惊惧，连夜弃家逃到魏国，做了翟璜的门客。

一日，魏文侯对翟璜说："寡人听从了你的话，起用乐羊攻打中山国，起用西门豹治理邺城，两人都十分胜任、功绩卓著。西河郡位于我国西边，是秦人前来魏国的必经之路，你看派谁镇守西河最好?"翟璜沉思半晌，答道："臣举荐一人，此人名叫吴起，有将帅之才，著有《吴子兵法》。他刚从鲁国来到魏国，君上应赶快将他召来重用，否则时间一迟，他就会被别国所用。"魏文侯问："吴起为人如何?"此时李悝在旁，上前奏道："吴起贪名而且好色，但是他用兵，谁也比不上他。"翟璜说："臣举荐人才，是为让他们发挥一技之长，为君主建功立业，至于他们平素的为人作风，则不在臣的考虑之内。"

魏文侯将吴起召来，问他道："听说你曾为鲁国立下大功，如今你为何弃家逃到敝国?"吴起答道："鲁君猜忌多疑，听信谗言，所以我才逃命到此。听说君主您礼贤下士，天下归服，所以我愿为君主您执鞭马前，即使肝脑涂地也在所不辞。"魏文侯喜形于色，又问："听说你著有《吴子兵法》，有哪些取胜要诀?"吴起答："兵不在多，以治为胜。努力建设一支训练有素的兵马，施之以恩，使其乐战、乐死；料敌用兵，因情击敌，根据各国的政治、地理、民情、兵马、阵势等不同情况，采用不同的战法。”魏文侯点头称好，又问：“三家分晋时，赵氏获利最多，而魏、韩所得要少。如今，魏国处于赵国的西南、秦国的东边，向南越过中条山和黄河，是秦、楚、郑拉锯争夺的地方。我们魏国很压抑，你说魏国该当如何发展?”吴起说：“魏国的北部是吕梁山，南部是中条山，东部是王屋山，黄河的大拐角包住了魏国的西部和南部。这样的地势，易守难攻，但也容易被压迫封锁，所以魏国首先要做到自强自立，然后打破封锁、向外发展。魏国山多地少，人口密集，粮食勉强维持国内需求。但是，魏国境内有盐湖，如果盐湖产的盐销往周边国家，获利肯定很多。如果用盐业收入建立一支精锐的兵马，就能解除魏国的困扰，实现魏国的梦想。”魏文侯狂喜不已，立即封吴起为西河郡守。

吴起来到西河，整修城池，操练兵马，对军士关怀爱护备至，与他做鲁国将军时无异。为防秦国入侵，吴起在西河修筑了一座新城，取名为吴城。吴起又用魏国盐业收入招募特种军士——魏武卒。穿三层衣甲，操十二石之弩，挎箭五十枚，置戈其上，冠胄带剑，裹三日之粮，负重奔跑，由拂晓至日中，能奔跑一百里者，才能应征加入魏武卒。到达战场后，魏武卒能立即投入战斗，同时具备高超的格斗技能。吴起报请魏文侯，给予魏武卒很高的待遇，免除魏武卒全户的徭役和田宅税。魏武卒凭军功获取更高的爵位，享受更好的待遇。各项准备就绪后，吴起发兵袭击秦国，将黄河以西五座城池攻占。

西河郡守吴起，为激励魏武卒，还请魏文侯前来举行庆功宴会。魏、秦拉锯战中，立上功者坐前排，使用玉、铜、象牙等贵重餐具，猪、牛、羊三牲皆全；立次功者坐中排，贵重餐具适当减少；无功者坐后排，不得用贵重餐具。宴会结束后，还在大门外论功赏赐有功者父母妻子。对死难将士家属，每年都派人慰问，赏赐他们父母，以示不忘。

此时的魏武卒，已经无比强大。这时，秦国调集 10 万大军，进攻秦国东进道路上的重要障碍阴晋城。吴起率领 1 万魏武卒迎战，这些魏武卒不待命令便自行穿戴甲胄，主动请战。吴起率领魏武卒在阴晋向秦军发起反击。魏武卒人虽少，却个个奋勇杀敌，以一当十。魏军反复冲杀，将10万秦兵打得大败。

观吴起这个人，毛病、问题确实很多，对他的批评之声不绝于耳，但实事求是说，吴起是个将才。吴起的经历，让我们想到批评与人才的关系问题。

可以这么说，如果你很努力，而且经常受批评，那么你应该庆幸你自己，因为你已经是名家或即就成为名家了。

在音乐史上，作曲家如群星璀璨。与之同时存在的，还有不少音乐评论家，虽然他们的知名度差一些，但语言却非常尖锐。曾经有一位细心人，把报刊上常见的音乐批评词语收集起来，分类汇总，居然有36条。如曲调不自然、牵强附会、装腔作势、矫揉造作、故弄玄虚、杂乱无章、模糊不清、乐思贫乏、缺少独创性、反复累赘等。

人们把这些批评内容一一对照了历史上的作曲家，结果是：莫扎特得到的批评最多，其中的30条可以用在他的身上，几乎占了全部。贝多芬得到的批评次之，共有26条，占了一多半。尽管他们是大家公认的音乐天才，可不但未能幸免，反而受批评数量更多。相反，有不少作曲家，作品既不超前也不落伍，音乐风格总是符合潮流，虽然一般化，却容易接受，比较适合评论家的口味，因而，很少受到严厉批评。不过，那些未受到批评或受到批评很少的音乐作品，竟是昙花一现，不久便被人们忘记。而那些受非议最多的莫扎特、贝多芬等的作品却流芳后世。可见，最严格公正的、最具权威性的评论家乃是历史。

不只是音乐界，科学界、经济界等都存有这种现象。哥白尼、伽利略等著名科学家曾经受到过无情的“批判”，甚至失去生命；世界著名企业家比尔·盖茨、松下幸之助等，在个人性格上、在敛财方式上也备受世人批评；文艺界、体育界、政治界，经常遭受批评的名人更是多如牛毛。

第49节

凸镜与凹镜

——成为自己命运的建筑师

有一个主妇，不小心打破了一只鸡蛋。这本是一件很平常的事情，可这个主妇想，一只鸡蛋孵化后会变成一只小鸡，小鸡长大后又能够下很多的蛋，这些蛋又能孵化成许许多多的小鸡……“天啊!”主妇痛苦地叫喊起来，“我失去了一个养鸡场。”主妇开始闷闷不乐，最后竟一病不起。这是一个虚构的笑话，但笑话反映出一种社会现象，那就是许多人习惯地用凸镜来看待自己的过错和悲伤，结果使过错和悲伤成倍扩大，形成一种消极力量，危害身心健康。

用凸镜来看事物，会让这个事物变大；反过来，用凹镜看事物，会让这个事物变小。这个社会说来很怪，人们往往不是用凸镜来看问题，就是用凹镜来看问题。

用凹镜来看待别人的典型是三国时期的关羽。据史学家分析，西蜀之败，始于关羽自大倨傲，用凹镜来看待他人和问题。关羽总督荆州时，用凹镜来看待东吴，不仅拒绝了孙权的求亲，而且还骄狂傲慢地说：“吾虎女安肯嫁犬子乎?”字不多，但分量很重，大大破坏了西蜀“北拒曹操、东和孙权”的外交战略。关羽同样用凹镜来看东吴后起之秀陆逊，结果使其丧失警惕，让东吴兵不血刃轻取了荆州。关羽用凹镜来看对手，也用凹镜来看待部下。他瞧不起糜芳与将军傅士仁，结果种下了怨恨的种子。当襄阳争夺战吃紧时候，糜芳、傅士仁只出军资，不肯相救。此时关羽尚不自责，反而威胁说："等我回去收拾他!"这无异于火上浇油，逼得二人率众投降了孙权，把关羽侧翼暴露在吴军面前。最终，在吴、魏的联合夹击下，关羽败走麦城。

大千世界既有风和日丽、鸟语花香，也有荆棘野兽、风雪雨霜。用凸镜、凹镜来看问题不可怕，可怕的是凸镜、凹镜用错了地方。打破鸡蛋的主妇和总督荆州的关羽就用错了凸镜与凹镜，从而造成不必要的烦恼和悲剧。凸镜与凹镜并不一定只对我们产生不良的影响，相反，如果能够很好地利用，也能成为提高生活质量、让人生一帆风顺的好帮手。培根曾说过："人人都可以成为自己命运的建筑师。"这句名言，可以理解为学会正确使用凸镜和凹镜，就可以取得一个既事业进步又心情舒畅的空间，从而掌握自己的命运。那么什么时候应该用凸镜，什么时候应该用凹镜呢？

当忧伤时要用凸镜看美好前景，用凹镜来看已有失误。一个人忘形时，则反其道而行之。生活中很多人是举轻若重。他们活得很累很累，他们总是拿一个凸镜看问题，将一些小事不断地放大，自我折磨，庸人自扰。人要学会举重若轻，在忧伤时将问题看小一点，看得毫不在乎，这样你的生活才会轻松惬意。还要学会用凸镜看自己的美好前景，从而忘掉当前的烦恼，这是我们对待自己、看待世界的一种方式。当我们有这样一种高高在上的心态时，我们就有了一些超然的感觉，身心变得轻松起来、愉快起来，身外的功名利禄也就变得比较轻，比较淡了。人不能保证自己一生幸福，但要努力使自己一生快乐；不能保证自己一生成功，但要保证让自己一生充实而有意义。

当自负时要用凸镜看自身缺点，用凹镜来看当前优势。一个人自卑时，则反其道而行之。应该说，自负者是盲目的乐观主义者，像陷进一个泥潭难以自拔。他们往往沉湎于昔日的胜利之中，听不进他人的意见，最终因为自负而绊倒。所以说，一个人自负时，必须用凹镜瞅瞅自己那些所谓"引以为自豪"的东西。山外有山，人外有人，优势也是相对的。"金无足赤，人无完人。"人有缺点和问题并不可怕，可怕的是自己看不到。自负者还要多看看自身存在的缺点，必要时将缺点放大，如此的话，具有消极作用的“得意洋洋”心态就会从身上消失。当我们感到自卑时，可以仔细想想自己的优点，一条一条地将它们写在纸上，放在经常可以看到的地方，每天看几遍，增加对自己优点的关注，也就是用凸镜看自己的优点，在不知不觉中，优点被强化，缺点被淡化，从而提高自己的自信。

当成功时要用凸镜看曾有的失败，用凹镜来看目前的成功。一个人失败时，则反其道而行之。咀嚼失败、反刍失败并不能代替成功，但可以避免以后可能出现的失败。它是成功的起点。一个人成功后一定要保持清醒的头脑，不要把成功看得太重，一个人的成功虽然有着个人奋斗的必然，但是其中也包含着许许多多偶然。用凸镜看曾有的失败，用凹镜看目前的成功，不是打击一个人的喜悦之情，而是为了去掉飘飘然的不良心态，当然更为了避免失败，赢得下一次成功。一个人失败时，用凸镜看曾有的成功，用凹镜来看当前的失败，则是为了去掉消极情绪，以失败作为台阶，去摘取成功果实。

十全十美的人际关系往往是不存在的。当人际关系不良时，要用凸镜看他人优点和自身问题，用凹镜看自身长处和他人缺点。许多人往往有这样一个特点，找缺点总是在别人身上去找，不从自身出发，这样人际关系的“平衡木”就有点倾斜。所以说，人们应该好好地把自己解析一下，看自身存在哪些问题，必要时用凸镜放大一下；也应该学会欣赏他人的优点，同样要用凸镜予以放大；对待自己长处和他人缺点，则用凹镜予以缩小。如此的话，人际关系的“平衡木”就达到水平状态，从而赢得一个和谐舒畅的人际环境。

通过凸镜、凹镜的夸张与变形，会让紧张的精神获得缓冲，让忧伤的情绪得到释放，让危险的因素得到排解，让前进的障碍得到清除，因而会得到一个轻松的氛围、愉快的情感、顺利的发展和未来的成功。当然，凸镜可用的地方，凹镜适合的范围还有很多，全靠读者诸君自己去琢磨。

第 50 节

平凡的感动

——人心的微妙

晋国公子重耳逃亡途中，又饥又困，枕着狐毛的大腿躺在那里。狐毛说：“赵衰那里还带着一壶稀饭，他在后面，等会儿就到了。”魏犨肚子咕咕叫，随口说道：“虽然有壶饭，但不够赵衰一个人吃的，我想早就没了。”众人无语，四处找些野菜煮食，重耳难以下咽。

这时，介子推捧着一碗肉汤献给公子重耳，香美异常。重耳顾不得说话，几口就喝了下去，吃完后问：“这是从哪里弄来的肉？”介子推说：“这是我大腿上的肉。我听说孝子不畏死而养育他的双亲，忠臣不畏死而服侍他的主子。现在公子没有食物，我只好割下大腿上的肉让您填饱肚子。”重耳一听，感动得流下眼泪，哽咽道：“我这逃亡的人连累你们了，用什么才能报答你们呢？”介子推说：“但愿公子能早日重返晋国，成全我们众人的一片忠义之心。我怎敢要您报答呢？”

过了很长时间，赵衰慢慢赶来。大家问他为何迟迟不至，赵衰答道：“我的脚被荆棘刺伤了，所以落在后面。”说着便拿出背囊中的那壶稀饭，请公子重耳食用。重耳问：“你难道不饿吗？为什么自己不吃？”赵衰答道：“我虽饿，怎么敢背着公子和各位而独自享用呢？”狐毛笑着讥笑魏犨：“这些饭如果落在你手中，现在一定在你肚子里消化掉了。”魏犨满脸通红，退在一边不再说话。重耳将这壶稀饭给赵衰，赵衰推辞不掉，便从河边打些水来，把稀饭放在里面调好，让每人都吃上一碗。

十年后，公子重耳复国，做了晋国国君，即晋文公。

晋文公大赏群臣，赵衰功劳最大，其他像狐毛、魏犨等，依次论功行赏。晋文公大赏群臣后，还在城门上贴出布告：“如果有谁的功劳被忘记了，可以自己来补报。”

介子推，也在获赏之列。他为人耿直，心性厚实，回国后，假托有病，居在家中，甘于清贫，每日编织麻鞋养活老母。他的右邻见介子推没有得到赏赐，心中替他抱不平。右邻看见城门上布告后，便特意到介子推家中告诉这个消息。介子推一笑了之。

介子推的老母亲听到了，对他说：“你效劳国君重耳19年，而且还割股啖君，功劳不小。你现在为什么不去找君上说一说？如果去说，就有希望得到几斗粮米，可以早晚食用，远胜于编织麻鞋了。”介子推对母亲说：“晋献公子孙很多，只有现在的君上最有贤德和天相。晋惠公、晋怀公不实行德政，上天对他们不满，把晋国夺回来归还现在君上。众位大臣们不知道天意，却在那儿争功要赏，儿正为这些人感到羞耻。儿宁愿一辈子编织麻鞋，也不敢贪天之功据为己有！”老母亲又说：“你虽然不要俸禄，也应该入朝，见一见君上，那样就不会埋没你割股的功劳。”介子推答道：“儿既然没有什么向君上索求的，还见他干什么？”老母亲感叹地说：“你既然愿做高风亮节之士，难道我不能做高风亮节之士的母亲吗？我们母子二人应该隐居深山之中，再也不要沉溺在混浊的市井之中了。”介子推十分高兴地说：“儿一向喜欢绵山，那里山高谷深，我们现在就去吧。”母亲答应。于是，介子推背着母亲上了绵山，在深谷之中盖起茅舍，过起以草为衣、采果为食的生活。

过了一个月，晋文公生病，吃什么也没有味道，这把内宫之人急得团团转。一名内侍自言自语说：“山珍野味，我们都做了，君上还不爱吃，就差没上人肉了。”说者无意，但隔墙的晋文公听到后，突然一惊，自言自语道：“从前寡人逃亡途中没有食物，介子推割股献食。现在寡人大赏群臣，却单单忘了介子推。这个过错，寡人怎么能推卸呢？”立即派人去召介子推，可是却找不到。

这一惊，晋文公病就好了。他亲自前去，把他的邻居们都叫来，追问介子推的去向。介子推的右邻说，介子推不愿得到奖赏，背着他的母亲去绵山中隐居去了。

当天，晋文公就去绵山，寻找介子推。只见峰峦叠嶂，草树丛生，流水潺潺，行云片片。林中百鸟齐鸣，山回谷应，根本找不到介子推的踪迹。随从叫来几个农夫，晋文公亲自询问。农夫答道："一个月以前，曾经看见一个人背着一个老婆婆，在山脚下休息，打水喝后，就到深谷去了。"晋文公确信介子推就在绵山之中，想到这儿荒凉，便更觉对不住介子推。晋文公下令随从四处查访，几天以后也没有一点消息。

晋文公无可奈何，想了一阵后说："寡人知道他十分孝顺，如果放火烧山，他一定会背着母亲出来的！"于是，随从们就在山下放起火来，风猛火大，蔓延数里，烧了三天才停止。介子推最终也不肯出来，母子二人相抱死于一棵柳树之下。随从们只找到了二人的骨骸。晋文公看见后，难过得流下了眼泪，哭述道："悲怆足下。""足下"一词便由此而来。晋文公下令把他母子二人葬在绵山之下，并且立起一座祠堂祭祀他。绵山周围的田地，都作为祭祠的用田，命当地农夫掌管每年祭祀之事。晋文公还下令道："从此后，把绵山改名叫介山，用来记住寡人的过失！"晋文公放火烧山之日正是冬至后第105天，晋国人念及介子推死于火，便不忍心点火，只吃冷食，持续三天，后来演变成寒食节。过节这天，家家都把柳枝插在门上，以招介子推之魂。

介子推是个平凡的人，但他的不平凡的行动感到了晋文公，更感动了世人。

某座火车站，一名扳道工正坚守在自己的岗位。上午10时10分，两列火车在同一条轨道上相向开来。假如他不及时扳动道岔，两列火车必定相撞。就在这时候，他无意中回头一望。他突然惊恐地发现他的8岁儿子正紧靠着铁轨玩耍，其中一列火车眼看就要触到孩子了。是抢救儿子，还是扳动道岔避免一场灾难？可以选择的时间太少了，那一刻，他大声地朝儿子喊了声"卧倒"，同时，冲过去扳动了道岔。一眨眼的工夫，两列火车由一条轨道改为两条轨道呼啸而过。车上的旅客丝毫不知道，他们的生命曾经千钧一发；他们也丝毫不知道，一个小生命卧倒在铁轨边上，火车轰鸣驶过，孩子毫发未伤。

这是一件发生在德国的真实的事情，这惊险的一幕，恰好被一个路过的记者摄入镜头中。照片在电视台播出后，观众先是好奇和议论纷纷，几秒钟后，每一双眼睛里都是泪水。可以毫不夸张地说，观众在那几秒钟后足足肃静了10分钟。人们猜测，那个扳道工一定是一个非常优秀的人。后来，人们才渐渐知道，那个扳道工是一个普普通通的人。他唯一的优点就是忠于职守，没误工过1秒钟。而更让人意想不到的是，他的儿子是一个弱智儿童。他告诉采访他的记者，他曾一遍一遍地告诉儿子说："你长大后能干的工作太少了，你必须有一样是出色的。"儿子听不懂父亲的话，依然傻乎乎的，但在生命攸关的那一秒钟，他却"卧倒"了——这就是他在跟父亲玩打仗游戏时，唯一听懂，并且做得最出色的动作。

这件事情为什么会感动那么多人？一批心理学家进行了分析。他们认为，首先是"转危为安"产生了作用，因为狂风暴雨过后的平静，人们会觉得异常温馨；其次是因为责任与亲情兼得，工作职责、社会责任不能放弃，亲情也不能抛舍，在难以双全的情况下，扳道工却意外地让责任与亲情兼得，这容易让人心情澎湃；最后是因为平凡中蕴含伟大，绝大多数人都是在平凡地生活着，但平凡的岗位上也可做出惊天动地的事情，扳道工的那一刻唱出了绝大多数人的心声，因此产生共鸣。这三种因素，是那样地揪人心田。尤其是第三条，它让人们舒心于平凡，掘金于平凡，感谢于平凡。

第51节

冲出迷惘

——大踏步快乐前进

我曾攀登过奇景“一线天”。从山下沿着峭壁钻入黑糊糊的山洞，潮湿、阴冷、黑暗，伸手不见五指，接着便是内心感到恐惧，惶惶不安，不知是进还是退，也不知该往哪走。真可谓是六神无主，不知所措。但当看见往前摸索着行进的游人时，使我感到，在此时，只有摒弃一切惶恐思想，抱定一颗心往上爬才是最可行的办法。在这股勇气的推动下，终于望见了“一线之天”，从而攀上了山顶。

大凡人生活在社会上，总免不了困难。《虞美人》中写道：“春花秋月何时了？往事知多少。小楼昨夜又东风，故国不堪回首月明中。”短短几句表达了南唐后主李煜的愁苦、哀怨、绝望心理。俗语云，人之不如意事，常十居八九。困难常常陪伴着一个人的终生，而一个人的心理受困，最令人感到难过，因为那很有可能导致自己战胜不了自己，使自己不是输给了路途的艰险，而是输给了自己。攀“一线天”的迷惘，《虞美人》中的困惑，便是一个人心理受困的表现。要不想“人消瘦，事无成”，就应该冲出去，冲出这令人难过的心理状态。

1914年，一场大火残酷地烧毁了爱迪生的研制工厂。第二天早晨，这位年已67岁的发明家徘徊在那将他的希望与梦想化为乌有的废墟之上，达观地说：“看来灾祸也能给人带来价值，我们所有的错误都被烧掉了，现在我又可以一切重新开始。”其时，爱迪生深深地懂得人生的一个重要原则：几乎每一种结局，无论是好的，还是坏的，都受我们对之所持态度的影响。

一个人只有把握住自己，控制住自己的心理状态，才能有所成就。有一位伟人说过，人之最大的困难是你自己，你只要自己掌握了自己，也就握住了胜利的一半。我们曾为这样一些事而苦苦思索，有些人成功了，而有些人遭到了失败。他们既与所处的环境有关，是否也决定于一个人的心理状态呢？思虑再三，总觉得至少当你惘然困惑而使心理受困时，这对你的健康、你的工作定会有害。

有一些人终日生活在过去的日子里，他们常常为过去的失误而惋惜，为过去的不幸而悔恨，甚至也为自己的容貌丑陋而困惑。他们常为这样的题目而思索："如果我当时不这样干就好啦"，"如果我那天不在那个地方就好啦"。天天为过去而痛苦，而怅然所失，使自己的心理受困，岂不知这正是事业成功的障碍，并且是自己人为的障碍。它会降低你的进取心，阻碍你的能量的释放。"黄河之水天上来，奔流到海不复回"，为过去费心，这不同于总结过去经验，除分散精力，没有一点益处。要想取得进步，就必须勇于忘掉过去的不幸，重新开始新的生活。莎士比亚说："聪明人永远不会坐在那里为他们的损失而哀叹，却情愿去寻找办法来弥补他们的损失。"

著名科学家居里夫人在居里去世后，听到了一些耸人听闻的谣言。开始，居里夫人痛不欲生。后来，她镇静下来，以专心致力于科学研究来粉碎那些妒才小人的诡计。等她第二次获得诺贝尔奖，再一次驰名全球时，那些诽谤她的人，也感到羞愧了，有的还请求居里夫人的宽恕。此就是所谓"两岸猿声啼不住，轻舟已过万重山"。

忘掉因过去而造成的惘然困惑，而专心致力于现在，它能使人精神抖擞，勇气倍增，取得令人想不到的成果。

一个人的心理受困，有时也来自对未来的过分忧虑。我认识一个人，他对自己的将来考虑得很多，忧虑意识过重。或觉得自己前途黯淡，就不时地暗自伤心；或觉得自己可能遇到挫折，整天思前想后，想克服又不知怎么做。一位谙熟世事的人告诉他：这样做，对自己的身体和工作都没有好处，你只要经过了一番思考，达到了自己的最大努力，就不要过多地去考虑结果如何。

人过四十，有的人“人老珠黄，满头白发”，事业停步不前；而有的人，比如说那些男女演员，外貌要比实际年龄小得多，年过半百，却还像年轻人一样。这些原因，主要是因为精神力量的作用，是对未来的追求，是乐观还是悲观所致。

一个人如果对未来没有忧患意识，按照古训“人无远虑，必有近忧”，那么这个人可能无所进步。但如果过分思虑自己的未来，吃不下，睡不着，整天为未来去反复忧伤，而不是去思考对策，那就害多益少，甚至有害无益。

一个人如果没有理想，就犹如失去目标的航船，不是触礁，就可能搁浅。对前途失去信心或者迷幻于未来，生活在幻想王国里，那也只能是葬送了现在。

心理学家说，一个人制订自己能够达到而又富有挑战性的目标，通过自己最大限度地发挥潜力，并且不断制订新的目标，而又着眼于现在，就能够使自己大有长进。愿你放下包袱，割掉自己给自己织的网，不再作茧自缚。

鲁迅先生说过，有些人不是怀念过去，就是希望将来，而对于现在的题目，却开不出合适的药方。这句话，一针见血，让人回味无穷。冲出迷惘和困惑，就应着眼于现在，对你面前所处的工作、生活困难，既要有战胜的决心、耐心，也要有果断的行动，但也要注意你面前困难的大小，做到蓄养精力，适时而动，贵在保持正确的心理状态，做到静如处女、动似脱兔。当你茫然不知所措时，要牢记每一个人都是独一无二的，都具有别人所不具备的品质和优点，自卑没有必要，“前怕狼、后怕虎”式的过分顾虑更没有必要。

以别人为镜，可以知己之将来；以自己的历史为镜，可以知己之兴衰。只要相信自己，并寻求他人的帮助，总能发现蛛丝马迹，求得解决困难的突破口。也总能通过体育锻炼、踏实工作、游玩谈心等使自己茅塞顿开，除掉不应有的困惑和迷惘。

在古语中，有“少壮不努力，老大徒伤悲”的训言，将其换句说法，就成为“平时不努力，难时徒伤悲”。许多人也只有在困难时期，才想起自己力量不够，是因为自己平时的不努力。所以，即使自己一帆风顺，也不要忘了奋发努力，不要成为“寒号鸟”式的人物。

有一位经营零售店的30多岁的人，生活富裕。不幸在一场大火中，零售店被烧掉，当他拿出所有的家底去经营皮货生意时，却又连连亏本。不幸的厄运接踵而来，一年以后，他的处境十分凄惨，连见亲朋好友的勇气都没有了。虽然负债累累，连连受挫，但他并没有因此而陷于无尽的忧愁之中。他明白，应该有个清醒的认识，勇敢地面对现实。他说过的一句话，可以当作一个人的人生箴言：既然已经失败，那么在这个世界上再没有什么可惧怕的东西。他以积极勇敢的精神和轻快的步伐面对失败的事实，把遭受的挫折当作人生的一部分，一切不过是经验的增加而已。在以后的几年中，他又获得了成功。

成功和失败仅一步之差，但愿这一步不是因为自己心理受困，让困惑和迷惘阻碍了自己的发展。牢记不要被情绪所左右，不要自己输给自己。

一项调查表明，政治家是长寿的，那是因为政治家对困难有一种正确的态度，他们没有压力可言。谋事在人，成事在天。你只要抱定一颗心思往前走，困惑还怎么会伴随你呢？一位老人说过，你只要朝着自己的目标往前进，经过了深思熟虑，尽到了自己的最大努力，就不要过多地在乎过去、顾虑将来。因为过去不会再来，将来也像那天空一样，没有多姿多彩、变化多端反而让人觉得索然无味。

《菜根谭》中说，人能放得下心，即可入圣超凡。我们也都是肉体凡胎，不会有超然的处世之道，但只要在人生的大道上大踏步前进，总可以达到心目中的终点。

第 52 节

命随个性改

——种瓜得瓜，种豆得豆

花上两元钱，中个百万元的福彩大奖，自然是大大的好运气，可是这样的运气可遇不可求。天天两眼看天，等着馅饼掉下的人，不是疯子就是傻子。话虽这么说，可仍有不少人经常烧香拜佛，企盼有个好财运、大官运和美姻缘。

一个人一生之中难免有上下沉浮、荣辱穷富、坎坷平坦，究竟是什么来决定命运？天灾、人祸、疾病？积德、遗产、机缘？这些都有些影响，但作用不大。推动一个人一生发展的主导力量，其实是这个人的个性。古今中外形形色色的人物，为之提供了很好的证明。

第一，说说人们在交往中自我定位与对人态度方面的个性，以及它与命运的关系。谦虚恭敬、和蔼可亲、平易近人等积极方面，与骄傲自大、恃才傲物、自命清高等消极方面，是认识自我与对待他人的两个相反方面。“满招损，谦受益。”具有谦恭等积极个性的人，得人心，合众意，容易取得别人的帮助，从而决定了生活如意、事业顺利的命运；具有傲慢等消极个性的人，与人们间的距离越来越大，从而失道寡助，命运多舛。

松下幸之助对企业的规划，是以 50 年为一个阶段，以 5 个 50 年为目标，迈向未来。而像他这样能看见 250 年以后的人，居然说：“百分之九十九的事我不懂。”因为他谦虚谨慎，所以创办了著名的松下电器公司，成为一代企业经营大师。

曾国藩是清末中兴名臣，因剿灭太平天国有功，而使得地位显赫，可是他并没热得发昏，而是“寸心兢兢，且愧且慎”，“但愿官阶不再进，虚名不再张”。两江总督卸任，工资尚节余2万两银子，其俭可知。遗嘱不许出版文集，其谦可知。因此，蒋介石标榜过他，青年毛泽东1917年也说过“吾于近人，独服曾文正”。

美国著名思想家、政治家、科学家富兰克林在其自传中写道：“我之所以能从一名无知的穷少年，成为一个世界范围内还算有点名气的人，全都得益上苍给我指点了迷津。”他所说的“迷津”之一就是严格使自己做到谦虚，像耶稣和苏格拉底那样。

因为傲慢等消极个性而栽跟头的人比比皆是，关羽是个典型。他年轻时比较谦虚，与刘备等人结为兄弟，虽然大军阀袁术只给了他一个“马弓手”的差事，可也安然理得。但随着刘备与他等人的飞黄腾达，他的傲气也越来越足。招致关羽被杀的原因就是因其骄横破坏了蜀吴联盟。

刘巴是三国时期著名政治家，诸葛亮说运筹帷幄不如刘巴。刘巴有一个很大的个性缺陷，就是从骨子里看不起张飞，以致在张飞特意拜访他时，整个晚上不跟张飞说上一句话，弄得张飞异常尴尬，并由尴尬而生怨恨。由于桃园三结义的关系，刘备虽慕贤爱才，却也容不得刘巴如此无礼，这决定了刘巴从此不受信任的命运，在政治上被打入另册。聪明的刘巴认识到清高的危害，从此收起傲气，夹起尾巴做人。个性的转变使得刘巴免遭更大的不幸，但后半生除了起草文件外，几乎无所作为。

第二，再谈谈人们在接纳忠言、对待批评方面的个性，以及它与命运的关系。偏听则暗，兼听则明。就像树木会不断生出多余的枝杈一样，人一生中会不断有新的毛病发生。如果诚恳接受批评，改正自己，则会让自己一生无虞。有错不纠，有过不改，听不进不同的意见，接纳不进正确的建议，结果只会害了自己。

艾森豪威尔作为二战时期欧洲盟军最高统帅，虽在原则问题上绝不让步，但乐于听取各种意见，由于指挥得当，诺曼底登陆作战及其后的一系列战役都取得了巨大胜利。当他从欧洲战场凯旋回到美国时，受到了万人空巷的欢迎。因为具有这种良好个性，他在此后还当选为美国总统，且连任两届。

因为忠言灌输不进而招来悲剧的，当首推齐桓公。他有着非凡的政治、军事才能，年轻时注意采纳意见，网罗人才，从而使齐国在短短的时间内，一跃成为强国，他本人也成为春秋时期第一位霸主。可他到了晚年，刚愎自用，拒谏饰非，信用奸小，斥逐贤臣，最终落了个饿死宫中无人过问和内乱不已、霸业衰落的悲惨下场。

太平天国将领石达开在带走10万大军，负气离开天京后，个性有了很大转变，听不进将士们的苦苦相谏，始终磨不开面子回归天朝，终在大渡河畔遭杀。这种性格缺陷，害了石达开，也害了跟随他的将士和太平天国。

第三，说说人们在意志力方面的个性，以及它与命运的关系。我们中有一些人资质很好，完全有可能在某一领域取得好成绩，但由于缺乏毅力而没有使自己的资质得到充分发挥，把本该属于自己的一方明媚蓝天变得晦暗而狭小。这个道理不用多说，人人都知。我们在这里重点说说坚毅与顽固的区别以及它们与命运的关系。坚毅与顽固有很大相同之处，因所处条件和结局不同，而成了两个相反方面。坚毅与顽固，可以互相转化，二者所决定的命运是不同的。

牛津大学曾举办过一个“成功秘诀”讲座，邀请伟人丘吉尔来演讲。丘吉尔用手势止住大家雷鸣般的掌声，说：“我成功的秘诀有三个：第一是，决不放弃；第二是决不决不放弃；第三是，决不、决不、决不能放弃！我的演讲结束了。”会场上爆发出经久不息的掌声。因为丘吉尔有坚强的毅力，所以领导英国取得第二次世界大战的胜利。但毕竟只是鼓舞性演说，实际工作生活中，如果错误的路线也“决不放弃”，岂不酿成大错？丘吉尔在后来选举中惨败，史学家评论，与其“顽固”有关系。

近代英雄拿破仑是个以自我为中心的、具有主观个性及坚定不移决心的人，他决定的事情无论如何都要贯彻到底。他自豪地说过：“在我的字典里，没有‘难’字。”靠此，他取得了辉煌；也因“坚毅”转成“顽固”，他有了滑铁卢之败。

马克·吐温在股票交易中不听他人劝说，过于坚持己见，终于损失了一大笔财产，跌入贫穷的深渊。以后的日子，他靠勤奋和毅力来写作赚钱还债。朋友们的慷慨解囊，大财团的钱财支援，都被倔强的马克·吐温拒绝了。一年又一年，他偿付了所有的债务，建设起自己的新生活，名垂史册。

1858 年，林肯在参加参议院竞选时，他的朋友劝告他不要发表演讲，认死理的林肯回答说：“如果命运注定我会因为这席讲话落选的话，那么就让我伴随着真理落选吧！”结果表明，林肯的确落选了。可换了环境，这种个性就是优秀的坚毅品性。两年之后，他就任了美国总统。

第四，谈谈人们在脾气好坏方面的个性，以及它与命运的关系。脾气暴躁，盛气凌人，易不合群体，招来是非。性格急躁，易发火儿，伤害身体。一个人要想过得风平浪静，和和睦睦，赢得人际关系的绿色环境，取得事业上的成功，就应做到有礼有节，对性情加以控制。

陈立夫是位长寿老人，经历过风风雨雨。他在谈到自己为什么能活到 100 岁时说：“我每次遇到困难，往往只怪自己，不怪人家，所以不会发脾气，更不会因此和人家冲突，所以小朋友都喜欢和我玩，所有部下，都对我很好。”

张飞是性情粗野的典型，但他也有心细的一面，看看他取得的战绩，往往是心细加勇猛的结果。可他暴躁的性格难以自控，成为他人生路上的绊脚石。当他闻知关羽被害后，旦夕号泣，鞭笞士卒。遭打的范疆、张达趁张飞酒醉后，将其杀害。如果张飞做事有分寸，遇事也会安然！

在一定意义上，脾气是人的素质修养的体现，有思想情操、理智修养的人，很少发脾气，具有驾驭自己脾气的能力，从而工作、生活一帆风顺。而素质修养较差的人，脾气一触即发，把脾气发在不容人不容事不容话上，缺乏控制力和约束力，所以招来人生的灾祸。

第五，谈谈人们在心胸大小方面的个性，以及它与命运的关系。宽容大度与心胸狭隘是两个相反个性，各自决定的命运也不同。胸怀坦荡、气量恢弘的人使人感到亲切、温暖、友好，从而加深相互理解。宰相肚里能撑船，不能撑船者也成不了好宰相。没有一颗大心，盛不下喜怒，自然也不具备宏大的力量。

拿破仑用人有器量。曾担任过陆军部长的贝拿道特将军，是拿破仑的政敌和情敌，曾计划将拿破仑送交军事法庭，在“雾月政变”时还从中捣鬼。可是，拿破仑不计前嫌，不存猜忌，仍然提拔他为元帅，后来还封他为亲王。由于他十分注重网罗人才，使得大批仁人志士聚集在周围，为其政权服务。

秦穆公胸怀宽阔。有一群农民分食了秦穆公的马，秦穆公没有怪他们，还拿给他们美酒。第二年，当秦穆公在那个地方被晋军包围时，那些分吃马肉的300多人闻讯赶来，拼死保卫他，使秦穆公获救。

曹操是乱世枭雄，能容难容之士，能纳难纳之言，从而拉拢了一帮人才，成就了一番大业。

心胸狭窄的典型人物当推三国时代的周瑜。他英年得志，如日中天，可是却突然一命呜呼。这不怪诸葛亮先生，要怪只能怪周瑜自己。“既生瑜，何生亮?”一句咬牙切齿、怨天尤人的叹息，活脱脱道出了容不得强于己者的小肚鸡肠。忌人之长反而成了致命之短。

人的个性是丰富多彩的，远非以上几种。不过，通过上述不完全归纳，相信人们会有这样一种鲜明印象，就是个性决定命运，命运随着个性改。如果要想有个事业成功、生活如意的好命运，就应该像松下幸之助、曾国藩、富兰克林那样谦虚，像孔子、艾森豪威尔那样肯纳不同意见，像坚毅的丘吉尔、拿破仑、马克·吐温、林肯那样，像不发脾气的陈立夫那样，像心胸广袤的拿破仑、秦穆公、曹操那样，而不应像让人心头一片沉重的，诸如清高的关羽、刘巴，排斥忠言的齐桓公、石达开，具有顽固一面的马克·吐温，暴躁的张飞，心小的周瑜那样。记住，良好的个性是成功的内因，千万不可轻视！一个人能力再强，如果个性不良，就像一块不平的石头，不能砌墙，不能铺地，其作用还不如一块砖。即使将这块不平的石头勉强放在某个重要位置上，也只能是危机四伏。因此说，塑造良好的个性，有时候比提高能力还重要。

当然决定好运的并非一两种个性，而是多种良好个性综合交织、相互促进的结果。对我们来说，良好的个性要保持和发扬，不良的个性也应及时妥善地纠正和适当地调整，尤其要消除那些突出的个性缺陷。

“种瓜得瓜，种豆得豆。”犹如播下一颗优良的树种，就是播下一片宜人的绿阴一样，播下一种优良个性，就是播下一生的幸福。如果你具备了各方面良好个性，不用求教算命先生，你就会知道自己迟早要行大运。命运藏在我们的个性里，个性改，命运必改。